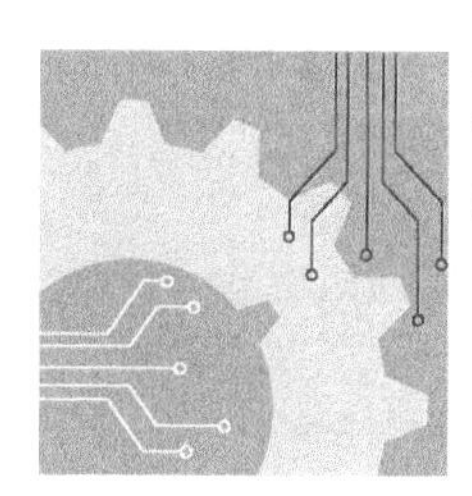

温室轻简化智能装备

设计原理与实例

王 秀 马 伟 著

科 学 出 版 社

北 京

内 容 简 介

本书围绕构建面向都市型农业的温室轻简化智能装备体系开展装备设计原理和样机开发熟化的研究，主要包括温室栽培蔬菜时一个完整的生长季所依赖的四大环节的装备体系化内容，全书将轻简化智能装备按照种前、育苗、管理和收获划分。本书内容是作者十年间在该领域面向生产、持续探索、不断创新的成果结晶。

本书内容清晰，系统全面，可读性强，具有较强的科普性、实用性和前瞻性，可作为设施智能装备方向的大专院校本科生和研究生教材，也可供本学科的科研和工程技术人员、农业农村部公务员、农机推广部门技术人员、农机销售公司人员等参考使用。

图书在版编目（CIP）数据

温室轻简化智能装备设计原理与实例/王秀，马伟著. —北京：科学出版社，2021.12

ISBN 978-7-03-070840-3

Ⅰ. ①温…　Ⅱ. ①王…　②马…　Ⅲ. ①温室-智能装置-设计
Ⅳ. ①S628.3

中国版本图书馆 CIP 数据核字（2021）第 254388 号

责任编辑：吴卓晶/责任校对：赵丽杰
责任印制：吕春珉/封面设计：东方人华平面设计部

科学出版社 出版
北京东黄城根北街 16 号
邮政编码：100717
http://www.sciencep.com

北京九州迅驰传媒文化有限公司 印刷
科学出版社发行　各地新华书店经销

*

2021 年 12 月第　一　版　开本：B5（720×1000）
2021 年 12 月第一次印刷　印张：10 1/2
字数：156 000

定价：99.00 元

（如有印装质量问题，我社负责调换〈九州迅驰〉）

销售部电话 010-62136230　编辑部电话 010-62143239（BN12）

作者简介

王秀，博士，国家农业智能装备工程技术研究中心研究员，中国农业大学博士研究生导师。主要研究方向为农业机械化工程。主持和参与完成国家级、省部级科研项目 19 项，完成各类现代农业装备创制、鉴定及推广共 52 项，起草企业标准等 19 项，共参与完成申报专利 210 项，发表学术论文 169 篇，参与编写著作 3 部，获得省部级科技进步奖 7 项。

马伟，博士，研究员，中国农业科学院都市农业研究所智能园艺机器人首席科学家，中国农业大学硕士研究生导师。《温室园艺》杂志编委，美国农业部访问学者，曾就职于国家农业智能装备工程技术研究中心。主要研究方向为农业机器人和智能装备技术。主持和参与完成国家级、省部级科研项目 8 项，完成各类现代农业装备创制、鉴定及推广共 45 项，起草企业标准等 16 项，参与完成申报专利 191 项，发表学术论文 135 篇，参与编写著作 2 部，获得省部级科技进步奖 2 项，省级农业科技推广奖 1 项，全国行业协会奖 1 项，被共青团北京市委评为先进个人 2 次，获北京市优秀人才资助。

前　言

温室栽培已经成为现代农业发展中一道亮丽的风景线。温室栽培由于高附加值和周年生产的特点，得到世界各国的普遍重视。温室栽培花卉在荷兰等发达国家已成为其支柱产业。温室属于人工环境，需要根据作物的需求对各种参数进行调控。荷兰等国在温室产业发展过程中逐步建立了配套的装备体系来实现高效的生产目标，装备的应用不但满足了他们劳动力不足的现状，而且促进了温室栽培全链条的标准化和规范化。随着信息技术的高速发展，信息科学与传统自然科学的交叉融合成为科技创新的有效途径，温室智能装备的发展迎来了春天。

伴随着温室园艺在我国的快速发展，广大农村适合温室作业的劳动力日益短缺问题变得越发突出。为了满足生产需要，国外成套的连栋温室、作业装备和作业规程被引进我国，但其在实际应用中发现了不少问题，如设备体积庞大、维护困难、操作复杂、模型不兼容等。这些不足导致引进的路子走不通，自主研发成为解决生产问题的首选。同时，我国农业正向信息化、数字化、精准化和智能化方向发展。开展温室轻简化智能装备研究，突破核心关键技术，构建温室轻简化智能装备研究平台，建立完善的温室轻简化智能装备技术体系具有重要的理论价值和实用价值。

温室轻简化智能装备是一个庞大的体系，除了涉及机械设计、电子控制、软件工程、数据库和网络技术等工程技术外，还涉及蔬菜学、栽培科学等自然科学，同时需要温室工程知识。温室轻简化智能装备的研究需要跨学科的知识背景和更加深入的合作研究，需要深刻认识到该领域技术迭代的必要性和重要性。温室轻简化智能装备如果按照生产功能划分，主要包括种前装备、育苗装备、管理装备、收获装备。一个完整的温室生产会全部用到或部分用到这些智能化装备。围绕温室轻简化智能装备设计原理，通俗易懂地精确描述，再加以实例进行生动分析，能够降低温室轻简化智能装备的技术门槛，促进不同专业领域研究人员的交流和合作；能够提高国际先进信息感知与执行机构软硬件技术在设施农业领域的应用，促进温室轻简化智能装备研究的系统性、科学性和实用性，是今后精准农业研究的发展趋势。

基于对以上问题的分析认识，作者从2005年着手开展该项研究，采取理论研究、关键装备开发和示范推广应用的“三位一体”的技术路线，面向京津冀高产栽培、农机推广和科普展示的重大应用需求，经过十几年的研究探索和实践应用，在精准控制、轻简化机械、成套装备应用等技术研究、系统开发和示范应用实践等方面取得了重要研究进展。本书是作者所在研究团队十几年研究成果的系列总结，围绕温室轻简化智能装备的生产、管理和趋势等进行了详细论述。

在开展温室轻简化智能装备的研究过程中，工程师姜凯、冯青春、范鹏飞、邹伟、李翠玲、张春凤参与了部分研究工作，为本书提供了良好的基础素材；研究生高原远等参与了部分试验。另外，在本书写作过程中，陈立平、刘旺、孙贵芹等给予了宝贵协助；特别感谢国家留学基金委、北京市委组织部、北京市农林科学院、国家自然基金委员会在研究经费和科研条件方面给予的支持。

温室轻简化智能装备研究是一个体系庞大、崭新的研究领域，目前还处于不断发展之中。本书内容只是沧海一粟，仍有很多科学问题需要系统研究，而且研究温室轻简化智能装备的许多技术方法还在不断完善和技术迭代之中。鉴于作者的水平有限，书中内容和观点难免存在不妥之处，恳请广大读者批评指正。

作　者

2021年5月8日

目　录

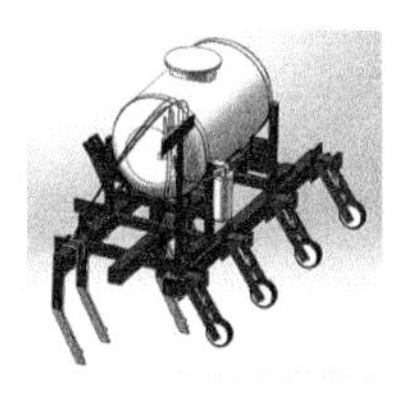

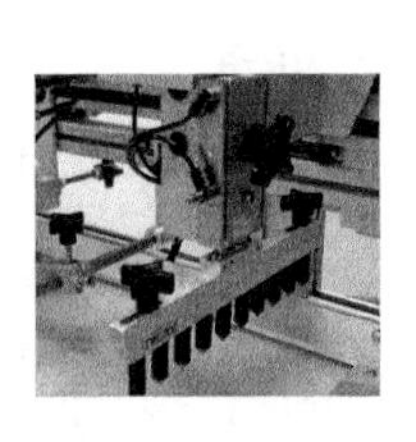

第1章 种前装备

1.1 设施耕整地装备研究概述

设施耕整地装备随着温室栽培的蓬勃兴起而快速进步，其主要特点是轻简、清洁、省力、高效，实现了温室土壤的破碎、疏松和起垄等环节的机械化作业，解决了设施耕整地依靠人工作业效率低和强度大的难题。

设施耕整地装备的研究和新材料技术、信息化技术、人工智能技术的进步紧密结合在一起，研究热点集中在提升设施耕整地装备的节能和智能化水平上，并逐步向基质栽培耕整地等领域延伸。这一领域的研究为设施高效栽培提供了装备依托。

1.1.1 国内研究进展

我国于20世纪70年代自行研发出微耕机。随着设施农业的快速发展，配套的耕整地设备不断进步和成熟。我国在微耕机研究领域主要集中在制造工艺和整体性能上（闫国琦等，2008）。我国公布了相关标准，即《微型耕耘机》（JB/T 10266—2013）。另外，随着信息技术的爆炸式发展，农业智能装备不断取得突破，适合我国国情的配套智能机具的研究应用取得喜人的成就，主要集中在无人驾驶、新能源和无线遥控等方面。基于总线的自主导航分布式控制无人驾驶微耕机的研制成功，使得我国在耕整地无人驾驶领域走在世界前列（时玲等，2004；朱留宪等，2011；刘国敏等，2004）。

国内研究的耕整地新系统采集GPS数据和电子罗盘数据，通过行走路径智能决策实现耕整地高精度作业，有效解决了耕整地作业精度问题（陶建平等，2014）。无人驾驶传感器研究也取得突破性成果。基于视觉临场感遥控的温室电动微耕机的研发成功，为无人驾驶提供了一种新的控制方法（谌松，2017）。新能源也在耕整地机具上开始初步应用。一种新型太阳能电动微耕机的研发，实现了利用清洁能源完成耕整地作业、降低单位面积耕整地对能耗的需求（南京农业大学，2014）。与之对应的是，配套的电动微耕机技术也在不断突破，其中两轮独立驱动电动微耕机的控制系统研制成功，为新能源微耕机的发展提供了配套技术（高辉松等，2012；郭晨星，2018）。该技术和传统微耕机的结合应用也取得了一定进展。基于嵌入式分布式控制技术的大棚无线遥控电动微耕机的研制成功，标志着我国在微耕机领域处于领先地位（何金伊等，2011；李坤明，2016）。其中，作为无人微耕机核心部件的自动转向控制器采用逆模型-神经网络算法及模糊控制算法实现双闭环控制方法，提高了控制器的抗干扰能力，方波信号跟踪平均误差为0.1°，延时0.28s（王佳琪等，2018；马志艳等，2019）。这些耕整地技术装备的进步，为我国耕整地技术水平的不断提高奠定了坚实的基础。

1.1.2 国外研究进展

国外设施耕整地装备从20世纪50年代开始逐步发展起来。英国、匈牙利等国家最早开展用于耕整地的微耕机的研究。美国、日本、荷兰等国由于基础工业的优势，微耕机技术水平较高，相关理论研究较为系统，可选的机具品种较多。发达国家对设施耕整地设备的研究目前主要集中在操作人员身心健康、耕整刀具的磨损、非金属耐磨材料的研究和环境保护等方面（北京农业机械化学院，1981）。

Tiwari 等（2006）通过研究耕整地机具操作者的心率变化来改进和提高微耕机操作人员的舒适程度。Karoonboonyanan 等（2007）深入研究微耕机刀具热磨损的关键问题，通过在刀具上喷涂2种特殊的涂料，有效解决刀具的磨碎问题。Lee 等（2003）针对韩国微耕机的现实需求，对比了不同形式的刀具对作业效果的影响，进一步增加水平耕刀的作业效果，通过研究得出了自走式旋耕机作业更有优势的结论（Mollazade et al.，2010）。Richard 等（2005）研究了一种增强型玻璃纤维塑料，这种新材料对微耕机的作业防护能发挥重要作用。Senanarong 等（2006）从环境保护入手开发新的旋耕机，该机械以 1.8km/h 速度耕作时，除草率为 92%，作业后土块大小均一，适合土壤环境保护（Topakci et al.，2008；Chen et al.，1993）。

1.1.3 研究存在问题

设施耕整地装备研究存在的问题如下。

1）装备创新性比较单一，体系化程度不够。电能在设施环境中比较容易获得，电动作业和汽油机驱动作业相比没有尾气排放，低碳环保，更适合温室密闭的环境。但电动耕整地设备的研究及应用较少，在电动微耕机产品研发上没有覆盖小、中、大不同的功率，没有形成各种功率齐头并进的发展格局。电动设施耕整地配套装备没有形成完整体系，需要开发新的产品来填补这一领域装备体系。

2）基质栽培配套的专用装备研发不够。基质栽培逐步成为温室栽培的重要研究和应用方向，其研究呈现出诸多新的趋势：一是高架栽培、循环利用，此类基质需要耕整地装备有提升装置；二是地面上袋装基质栽培，基质的布置和切口等整理装备存在空白；三是地面下凹槽基质栽培，作为北京市农业技术推广站提出的最新技术，其为机械化作业创造了标准化的环境，未来该研究将很有新意。这些领域的研究需要智能化技术的引入和农机农艺的深度融合。

3）耕地深度等指标没有发展。耕地深度作为耕整地装备的一个重要指标，是目前面临的一个技术难题。耕整地装备的作业深度有待进一步增大。耕地深度的提高需要大功率采油机进行驱动，而大功率的柴油机存在排放污染空气等问题，并且功率的增大会导致机具体积庞大、沉重、不易搬运等问题，亟须解决。

4）智能化装备技术落地的“最后一公里”问题没有解决。智能化技术在实验室内的研究如火如荼地进行，现已取得很多研究成果，但对核心工程机理和关键工程技术的创新成果缺乏中试条件。科技成果如何从实验室熟化并走进广大农田，是一个需要攻克的难题。简言之，设施耕整地的企业接受最新成熟研究成果的模式没有打通，需要对技术应用的模式进行探索。

1.1.4 未来的研究趋势

1）装备产品的梯队体系逐步完善。未来的研究将向微型和超大型方向发展，面向家庭园艺的手持式微型电动旋耕装备能满足家庭需求，8～50m 作业幅宽的大型龙门式耕整地一体化作业装备能满足大型温室的耕整地需求，这些研究方向有巨大的市场价值。

2）基质栽培和水培栽培配套整理装备成为热门。基质栽培逐步取代传统土壤栽培，配套的基质整理机械会成为热门的研究点。水培技术是工厂化生产的有效手段，配套的整理装备需求缺口很大。

3）耕地深度指标的创新突破。耕地深度的研究未来考虑采用钻头式刀具、机器人作业的技术路线，将有望逐步打破耕深难的问题。

4）智能化技术的模块化封装。智能化的速度测控技术、障碍物规避技术、无线遥控技术、无人驾驶技术等成熟模块有望逐步做成模块化封装，在降低成本的同时可以提高生产厂家的大规模应用的技术门槛。

5）人才培养多元化。更多的大专院校开设设施装备专业，院校、科研院所和企业在人才培养上形成“铁三角”的密切合作，可以提高学生就业和薪资水平，促进该领域人才的合理、健康成长。

1.2 耕整地新装备

土壤的质地对蔬菜的产量有非常重要的影响，对土壤的精细化管理有助于提高蔬菜产量和品质（郑昭佩等，2003；刘世梁等，2006；刘占锋等，2006；Tiwari et al.，2006）。蔬菜栽培过程的耕整地是劳动强度较大的环节之一，传统的方式是依靠人工精耕细作，存在劳动效率低、短时间内需要劳动力较多的问题。

随着温室机械化生产方式的进步和耕作机具的发展，耕整地新装备成为研究的热门问题，其中微耕机作业作为一种工具化的作业手段得到广泛的应用。微耕机在大棚里的优势是操作快速灵活，其逐渐替代人工成为蔬菜耕整地的重要手段。经过多年推广，微耕目前还存在犁底层浅的问题，对设施蔬菜生产的发展形成制约。为了打破多年耕作积累的犁底层，蔬菜专用的旋耕机研究开始逐步得到重视。本书对新型旋耕机的性能进行测试，按照国家标准考核评价其各项结果，通过田间试验验证蔬菜生产中的作业效果。

1.2.1 材料和方法

1. 新型旋耕机

新型旋耕机采用大棚小型拖拉机牵引作业，蔬菜移栽前直接对土壤破碎，实现打破犁底层的目的。采用拖拉机动力输出轴连接万向节传动轴，进而驱动新型旋耕机动力输入轴，再依靠齿轮传动、带传动、链传动等运动件实现设备破土作业。图 1-1 是温室内作业实物。

图 1-1 温室内作业实物

新型旋耕机动力经设计计算，优选转速为不低于 700r/min，配套拖拉机动力输出轴转速为 720r/min，测试中作业挡设为低速Ⅱ挡，实际测试作业前进度为 2～5km/h。

新型旋耕机结构设计时，为避免转弯死角问题，放弃牵引轮式结构，设计为三点悬挂结构，系统机架经过仿真计算后，确定了最优的机架结构，针对温室作业空间及拖拉机机身宽度，将幅宽定为 1.4m。传动方式为中间齿轮传动，与拖拉机连接方式为三点悬挂，新型旋耕机破土转动转速为 302r/min。采收后裸露地面经过 2 周暴晒后，在温室内狭小空间作业条件下，实际测试新型旋耕机的刀辊在土壤中最大回转半径为 225mm。根据实际测试结果，旋耕作业全幅用刀数为 36 把时，耕整地的作业效果最佳。

2. 试验地块

试验在北京市大兴区温室大棚中进行，大棚长度为 50m，宽度为 8m。采收后地表有大量植被覆盖物，主要为蔬菜采收后的枝叶及混生杂草。随机选取 3 个地块采集地表作物样本，根据国标《旋耕机》（GB/T 5668—2017）测量，此类地表覆盖物按照国家标准计算为 355g/m^2。

3. 试验条件

田间试验环境为温度 33℃，相对湿度为 53%，植被平均高度为 27cm，蔬菜耕作方式为平作，土壤为多年浅耕，土壤类型为壤土，土壤坚实度为 13.6kPa，土壤含水率为 18.9%。

4. 试验方法

温室中的耕整地试验分别在 3 个温室内进行，试验顺着温室道路用白灰划定行走范围区域，在试验区域内，划定每次作业的长度为 30m，测试重复 5 次，然后对采集的试验数据求平均值。作业后采用人工测量方法获得土壤样本的参数，旋耕前后植被在土壤表层下和土混合后，单位面积土地中，被绿色覆盖土壤的面积相对单位总面积的比值为植被覆盖率。5 个参数的测量按照随机方式，选取 3 个温室内地块采集地表作物样本，根据《旋耕机》（GB/T 5668—2017）进行测试。

1.2.2 结果和分析

采用《旋耕机》（GB/T 5668—2017）进行测试，试验结果如表 1-1 所示。测试结果表明：传统耕深为 8～10cm，而本装置设计耕深为 12cm 以上，实际重复试验中耕深的平均值大于 15cm，该新型装备能较好地实现打破犁底层的目的；耕深的波动较小，稳定性大于 92%，与传统 85%的耕深稳定性相比有较大的提升；耕后地表平整度为 2cm，相比传统机械 5cm 的平均地表平整度有明显的优势；破土率达到 97%，性能优于指标要求的 50%；植被覆盖率为 95%，比设计预期明显好很多。从表 1-1 的结果看，系统的整体性能优越，可以满足蔬菜栽培耕整地的实际需求。图 1-2 是温室内旋耕试验现场，其中本研究设计的机型，其碎土率和旋耕植被覆盖率两个指标明显优于传统作业装备。

表 1-1 新型旋耕机试验结果

参数	测试结果	指标要求	结论
耕深/cm	15	≥12	超出指标 3cm
耕深稳定性/%	92	≥85	超出指标 7%
耕后地表平整度/cm	2	≤5	超出指标 1.5 倍
碎土率/%	97	≥50	超出指标 48%
植被覆盖率/%	95	≥55	超出指标 42%

图 1-2 温室内旋耕试验现场

1.2.3 结论

该温室新型旋耕机设计改进后，按照国家标准要求进行测试，从耕深、耕深稳定性、耕后地表平整度、碎土率、植被覆盖率 5 个方面和传统机械进行对比试验，试验结果表明，在国家标准规定的 5 个方面，温室新型旋耕机的性能参数均高于国家标准的指标。其中，耕后地表平整度和碎土率这 2 个指标的值明显优于国家标准的指标（耕后地表平整度为 2cm，碎土率为 97%）。该研究测试了该新型温室旋耕机设计性能能满足设施耕整地的生产需要。

1.3 旋耕消毒喷雾一体化复合装备

规模化和工厂化集中生产大幅度提高了温室蔬菜单位面积的产量，降低了蔬菜产地销售的成本。随之而来的问题是单一品种的蔬菜连续种植后，引起土壤有害病菌的积累，影响土壤质量。一些土传病害集中暴发，给后续的生产带来严重的危害。

土壤消毒能有效地消除土壤病害对农作物带来的不利影响。传统的土壤消毒方式是将农药由人工直接施到土壤中，并进行翻搅，这种人工作业方式存在劳动强度高，作业质量受经验影响等缺点。机械化消毒多采用小型手扶行走机械进行温室内作业，非常适合氯化苦等液体消毒药剂的使用。半机械化消毒可在抛洒固态粉剂棉隆后对土壤进行旋耕，提高棉隆和土壤的混合均匀性。但棉隆对土壤水分有较高要求，因此相对湿度在 70%以上的土壤才有利于棉隆发挥药效。实际作业中温室内存在的土壤湿度不均、土壤湿度不够等问题限制了药效。为了解决土壤湿度不达标限制药效的难题，人们开发了 3W-200P 新型温室土壤消毒喷雾一体机，为温室高效生产提供装备支撑。

1.3.1 设计原理

新型温室土壤消毒喷雾一体机采用旋耕和喷雾同步作业的方法，通过自走式机构和履带底盘，实现温室内灵活行走和一体化作业。新型温室土壤消毒喷雾一体机主要包括水箱、履带、喷雾装置、旋耕装置和土壤湿度传感器等部分，如图 1-3 所示。

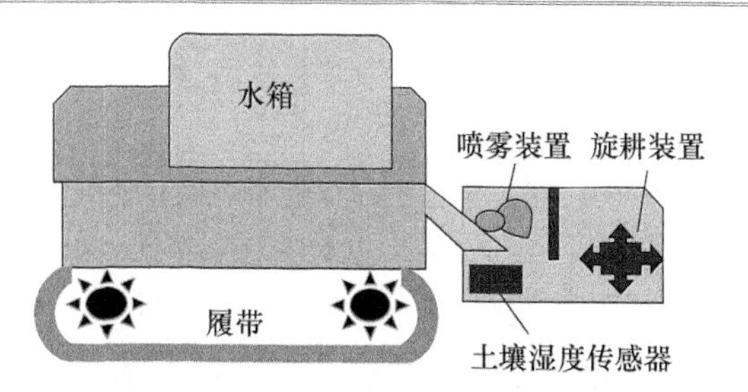

图 1-3 新型温室土壤消毒喷雾一体机的结构

设备的各部分结构紧凑，作业灵活。其中，水箱的增加有助于提高车辆行进时履带对地面的附着力，提高旋耕深度；履带式结构增加了与设备地面的接触面，防止车辆在行进过程打滑；喷雾装置和旋耕装置的隔离布局可以在保护喷雾系统的同时实现旋耕及土壤混合。

1.3.2 功能特点

1. 自走履带式结构

温室内空间狭小，为了解决动力问题采用自走履带式结构，实现温室内原地灵活转向，避免作业死角。该结构设置了 3 种速度，适合在不同温室之间快速移动和低速深耕。在结构侧面设置有紧急制动装置，避免行走作业对温室设施的损坏。

自走履带式结构可实现松土表面的二次旋耕：在第一次旋耕后播撒土壤消毒剂，然后进行第二次旋耕作业。这种作业模式能在原有深度上增加 6～8cm 的旋耕深度，将旋耕深度提高到 28cm，有助于药剂的扩散和药效发挥。

2. 喷雾装置

喷雾装置采用蠕动泵进行加压，采用脉冲电磁阀开度大小实现喷雾量的变量调节。喷雾控制器采用单片机开发，实现 PWM（pulse width modulation，脉冲宽度调制）自动调节，喷头采用防堵塞的锥形喷嘴。为避免土壤作业过程中的不必要损失，喷雾水泵布置在水箱下方，用钢板保护罩加固。控制器固定在机身部位，方便操作调节。

3. 土壤相对湿度测量

为快捷获取温室内土壤相对湿度数据，采用土壤湿度传感器固定在旋耕装置部位，在旋耕行进时通过手柄瞬时停车后，读取土壤相对湿度并根据相对湿度信息调节喷雾量。也可引入非接触电磁式传感器测量土壤电导率作为参考，判断土壤相对湿度的变化情况，据此调节土壤旋耕时喷雾量的多少。

1.3.3 试验

试验从 2018 年 12 月到 2019 年 2 月进行了多次，试验地点是北京市大兴区长子营温室基地，针对准备种植芹菜的温室进行旋耕和湿度调节。图 1-4 是温室内试验现场。温室内实际试验地面积 900m^2，试验时温室内土壤相对湿度平均为 65%，温度为 8～21℃。

图 1-4 温室内试验现场

1. 旋耕深度试验

旋耕深度试验分为旋耕试验和喷雾试验两部分。

旋耕试验方案如下：在同一温室划定试验区域内，在水箱装满水且不进行喷雾时进行旋耕试验，测量耕深。单次旋耕深度的测量在 900m^2 试验区内采样 9 个点，平均旋耕松土深度为 19.6cm，二次旋耕深度可提高到 27.8cm，三次旋耕深度可提高到 29.6cm，四次旋耕深度可提高到 32.1cm。结果表明，喷雾系统加满水后，二次旋耕深度满足芹菜的种植需要。通过试验结果可得，二次以上的旋耕对旋耕深度的

增加不明显。

喷雾试验方案如下：同一试验区域内，喷雾的同时进行旋耕，水箱的水减少后对旋耕深度有影响。单次旋耕深度的测量在900m^{2}试验区内采样 9 个点，平均旋耕松土深度为 19.1cm；二次旋耕喷雾后，深度可提高到 26.6cm，三次旋耕深度可提高到 29.9cm，四次旋耕深度可提高到 33.9cm。结果表明，喷雾作业虽减小了水箱质量，但土壤湿度增大了履带附着力，旋耕深度会增加。

2. 喷雾土壤增湿

喷雾前，温室内土壤相对湿度平均为65%；一次喷雾旋耕作业后，相对湿度为71.3%；二次喷雾旋耕作业后，相对湿度为75.8%；三次喷雾旋耕作业后，相对湿度为82.9%；四次喷雾旋耕作业后，相对湿度为85.7%。试验结果表明，旋耕和喷雾一体化作业的方式能快速提高土壤相对湿度到70%以上。

1.3.4 结论

针对温室土壤消毒使用棉隆等药剂的需求，开发新型温室土壤消毒喷雾一体机，完成了机械和电子设计，开展了田间测试和应用。试验结果表明，新型温室土壤消毒喷雾一体机能解决温室旋耕深度不足的问题，同时能快速提高土壤湿度，达到满足药剂使用的要求。

1.4 土壤预处理装备

近年来，随着都市型现代农业快速发展，以温室设施高品质果蔬栽培为代表的高附加值作物在京郊发展迅速（冯伟民等，2012）。这种以专业化生产基地为主，规模化、连续化、高效化为特点的设施生产方式成为京郊农业的新亮点，已成为首都农产品安全和品质的保证（沙国栋等，2005）。但这种高效生产的模式普遍存在多年连茬种植的现象，很难实现合理的轮作倒茬，造成土传病害和根结线虫连年发生，且病情逐渐加重，严重影响果蔬的品质和产量，一般造成减产 20%～40%，严重的减产 60%甚至绝收（梁红娟，2012）。土传病害和根结线虫已经成为制约保护地高附加值农产品栽培收益的突出问题，故通过土壤预处理方法实现土壤持续利用成为一个研究热点。

土壤预处理的目的是控制土传病害和根结线虫。传统的方法是用化学药剂进行防治，如用甲基溴土壤消毒药剂进行土壤熏蒸处理，达到土壤消毒的目的，近 20 年来这种消毒技术的应用较为广泛。但是，由于甲基溴药剂使用后会挥发进入大气中，会对臭氧层产生破坏，对全球生态环境造成不利影响（马伟等，2014；颜冬冬等，2010），因此全球达成共识，减少并逐步停止使用该药剂，开发更加环保的替代品。在签署保护臭氧层国际公约后，我国一方面投入科研力量研制替代新农药，另一方面也开始研究配套的新型装备技术（梁权，2005）。

北京市非常重视土壤健康和生态保护，将其列为现代农业发展的重要内容。围绕京郊实际生产需求，通过精准作业装备关键技术突破，开展设施精准农机具推广示范，提高设施农业土壤预处理的装备水平、产品质量、生产效率，解决目前困扰设施生产的连作障碍问题。针对土壤连作障碍问题，农业信息技术与智能装备被选为重要解决途径和关键支撑技术（赵根武，2011）。但是，我国土壤预处理的专用农机具的发展和应用相对落后，缺乏性能稳定、精准度高的土壤精准预处理装备。由于液态消毒药剂的使用较复杂，存在操作复杂、风险大，人体皮肤不能接触药液等注意事项，生产中迫切需要专门的机械进行作业，尤其是精准智能作业装备。因此，瞄准设施蔬菜机械化消毒的需求，研制全过程自动化的新型土壤消毒机，对设施农业土壤持续利用具有重要意义（马伟等，2014）。本节设计了 1G-J800 型土壤精准消毒机，基于 PWM 技术精准控制药量，解决了精准、高效、安全的土壤熏蒸消毒作业问题。

1.4.1 消毒注药系统设计

1. 机械结构设计

1G-J800 型土壤精准消毒机结构如图 1-5 所示。机架上方固定连接

药液传输装置，在机架下方固定一组入土铲，并连接注药装置。拖拉机通过悬挂装置与机架连接，药液传输装置、注药装置在拖拉机牵引下完成移动施药作业。控制器用于接收用户指令，并根据用户指令控制药液传输装置作业，采用气体加压方式实现精准注药（南京农业大学，2014）。储气罐位于拖拉机前部，作为配重使用；同时在施药时能储存高压气体，并将高压气体输入拖拉机后方的消毒机药液罐内，用来为施药提供作业所需的压力。

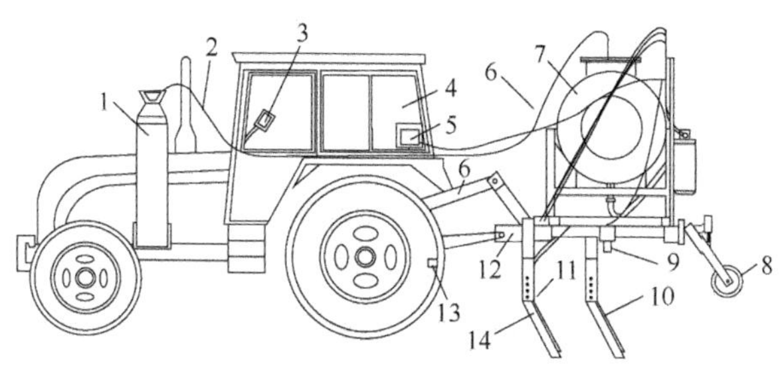

（a）左视图

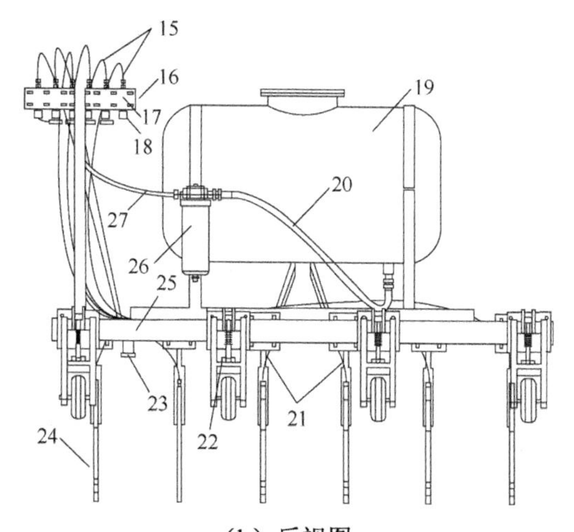

（b）后视图

1——储气罐；2——软管；3——触摸屏；4——拖拉机；5——施药控制器；6——高压气体管；7——药液罐；8——限深缓冲轮；9——超声深度检测传感器；10——注射嘴；11——注药装置；12——机架；13——测速传感器；14——入土铲；15——吸药管；16——分流装置；17——流量观察器；18——电磁阀；19——药液罐；20——药液输送系统；21——注射药液管；22——限深轮调节；23——三点悬挂装置；24——注射机构；25——横梁；26——过滤器；27——药液输送增强压力管。

图1-5 1G-J800型土壤精准消毒机结构

施药控制系统由拖拉机蓄电池供电，控制系统主要包括控制器、电磁阀、显示屏、流量传感器、速度传感器等。控制器的主要功能是产生PWM脉冲信号、计算存储各个传感器数值及实时与显示屏通信。电磁阀为执行单元，控制器产生6路PWM控制信号，控制6个电磁阀开闭，使各路注射单元实现独立精准施药。采用显示屏模块作为人机交互界面，与控制器进行数据交换。通过显示屏可以分别输入6个注射单元的出药量数值，并将出药量及相关的频率、占空比等数据信息实时显示在显示屏上。

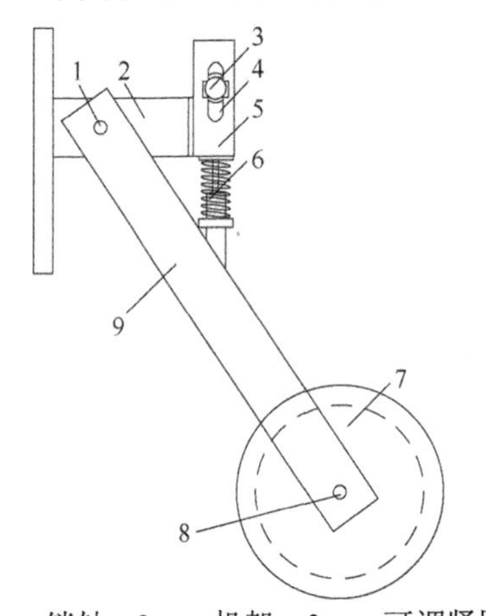

1——销轴；2——机架；3——可调紧固装置；4——槽孔；5——深度调节装置；6——弹性装置；7——滚轮；8——销轴；9——连接杆件。

图 1-6 限深缓冲装置结构

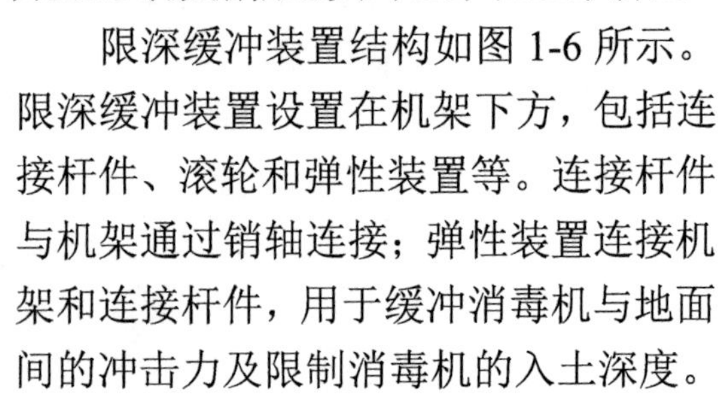

限深缓冲装置结构如图 1-6 所示。限深缓冲装置设置在机架下方，包括连接杆件、滚轮和弹性装置等。连接杆件与机架通过销轴连接；弹性装置连接机架和连接杆件，用于缓冲消毒机与地面间的冲击力及限制消毒机的入土深度。

流量显液管结构如图 1-7 所示。显液管内具有轻质浮球，药液从流量显液管的药液入口进入流量显液管后，浮球浮起；当流量显液管内没有药液时，浮球依靠重力落到流量显液管底部。通过流量显液管的透明玻璃视窗，便于在外部清楚观察施药管路内有无药液流动，能够及时获知是否需要补加药液，防止缺药漏施问题。

注药装置结构如图 1-8 所示。流量显液管的出口经过软管与各个注药装置连通，药液最终通过注射嘴注入土壤。注射嘴的药液入口处装有过滤限流装置，其中过滤限流装置内包含通径大小一致的限流片，保证各个注药装置管路中通药量相同，实现每个注药针出药量均匀、精准可控。过滤限流装置还能进一步有效滤除药液中的残余杂质，保证注射嘴不堵塞。注射嘴安装在入土铲的后侧，即入土铲背向牵引机车前进方向的侧面固定有注射嘴，且将入

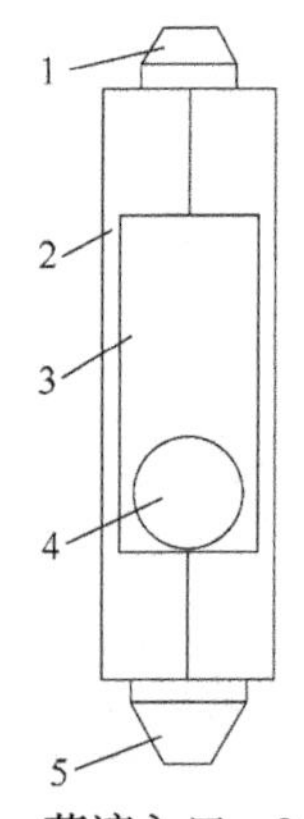

1——药液入口；2——流量显液管；3——玻璃视窗；4——浮球；5——药液出口。

图 1-7 流量显液管结构

土部设置为与牵引机车前进方向具有锐角 α，从而使得作业过程中，当入土铲的入土部插入土壤并挖掘的过程中，有效避免注射嘴的出液口直接与土壤接触。注射嘴的出液口距离地面的高度大于入土铲的入土部的自由端距离地面的高度，能够有效防止土壤堵塞注射嘴的出液口。此外，通过调整支撑部上安装孔的位置，可以调节入土铲的入土深度。各个注药装置在基架上并排设置，彼此的间隔距离可以根据施药幅宽进行调整。

2. *液态消毒剂输送分配系统*

针对液态消毒剂安全环保的精准调节，开发液态消毒剂输送分配系统，系统包括过滤器、流量传感器、电磁阀、单向阀、注药单元、溢流阀、调压阀等部分，如图 1-9 所示。该系统通过控制器发出的信号实现药剂的精准分配和定量控制。

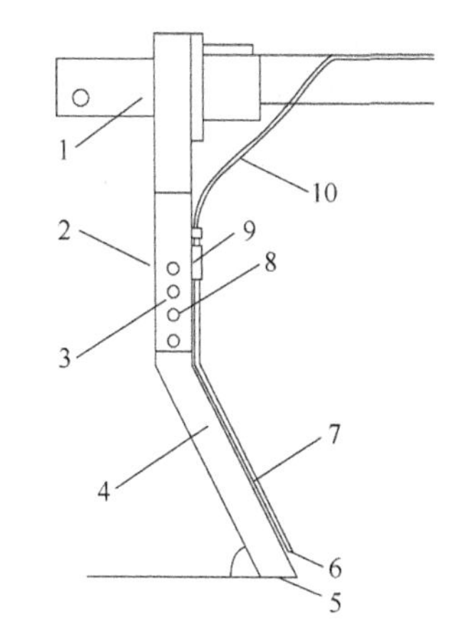

1——机架；2——注药器；3——调整支撑部件；4——入土铲；5——铲尖；6——出液口；7——注液针；8——固定螺栓；9——过滤限流装置；10——药液软管。

图 1-8 注药装置结构

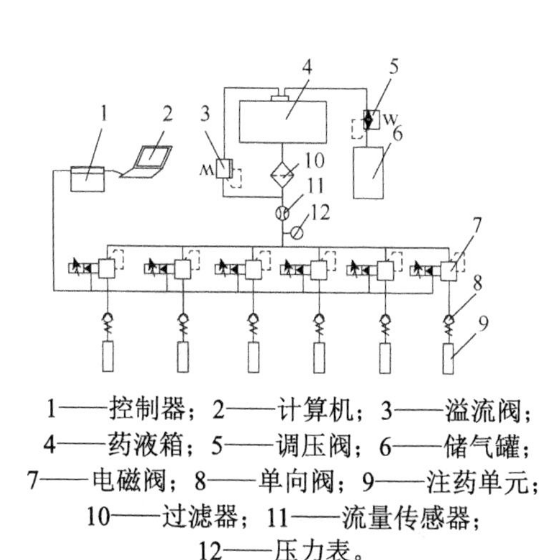

1——控制器；2——计算机；3——溢流阀；4——药液箱；5——调压阀；6——储气罐；7——电磁阀；8——单向阀；9——注药单元；10——过滤器；11——流量传感器；12——压力表。

图 1-9 液态消毒剂输送分配系统

土壤消毒作业时，调节储气罐的调压阀向液箱输入气压稳定的高压气体，药液罐内的药液从液罐底部出液口进入过滤器，经过过滤后药液进入流量传感器、压力表、溢流阀后，再经过分流器分流。药液分为 6 路进入 6 路注药单元，每路注药单元装有一电磁阀控制管路开闭，注药单元将药液注入土壤中。控制器产生 6 路独立控制的 PWM

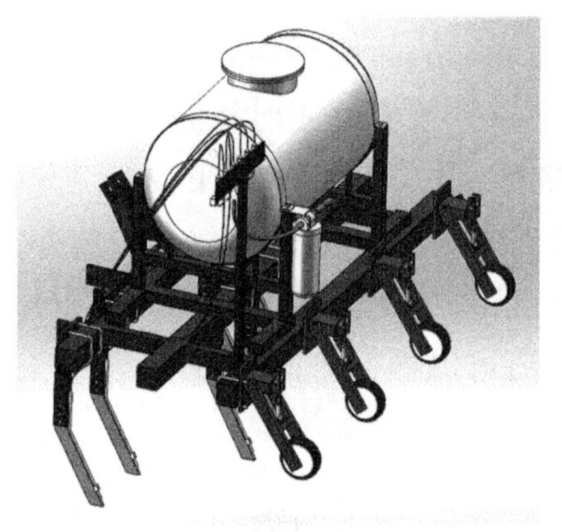

图 1-10 土壤消毒机械结构及注药管路系统三维模拟图

信号，控制每一路的电磁阀开闭。显示屏作为人机交互界面，与控制器实现数据交换。通过显示屏可以分别输入 6 个注药单元的出药量数值，显示屏能够实时显示出药量及相关的频率、占空比等数据信息。图 1-10 所示为土壤消毒机械结构及注药管路系统三维模拟图。

3. 施药量 PID 闭环控制模型

消毒注药作业时，采用机械化的方式将药剂定量地投入土壤深层，土壤颗粒包裹注射嘴的出液口，引起施药管路压力波动。由于土壤和空气的阻力不同，这种向土壤中注射施药的方式和传统向空气中喷雾的方式存在显著差异。针对生产需求，通过建立面向土壤消毒的精准施药 PID（proportion integral differential，比例、积分、微分）闭环控制模型，实现 PWM 动态调节电磁阀开闭时长的方法，实现土壤环境下的施药量精准控制，能够解决土壤施药作业的精度问题。图 1-11 所示为 PID 控制模型。

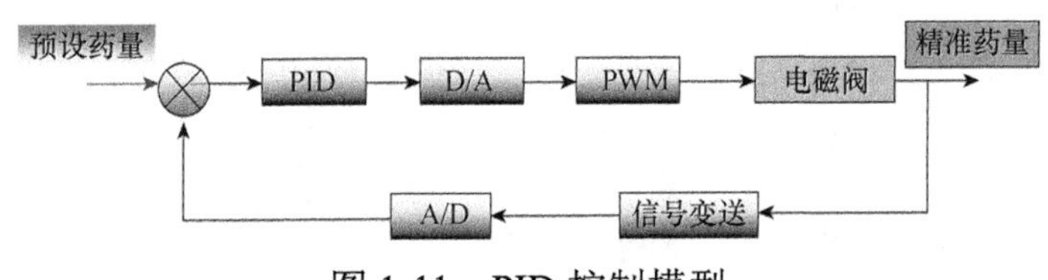

图 1-11 PID 控制模型

4. 变量控制器

针对密闭湿热的环境条件，变量控制器采用隔离防潮和模块化设计，外设温度补偿电路对流量传感器信号进行优化，实现变量控制器在环境下的可靠运行。图 1-12 是变量控制器结构框图。变量控制器采用基于光电耦合的专用驱动器模块，通过控制器发出经过调制的 PWM 调节信号对电磁阀开闭时长进行在线调控，实现土壤施药的精准变量调节。

变量控制器包含 2 个显示屏和 3 个外围电缆接口，其外形如图 1-13 所示。变量控制器首先设定理论施药量（如 1.0g/min），然后动态实时

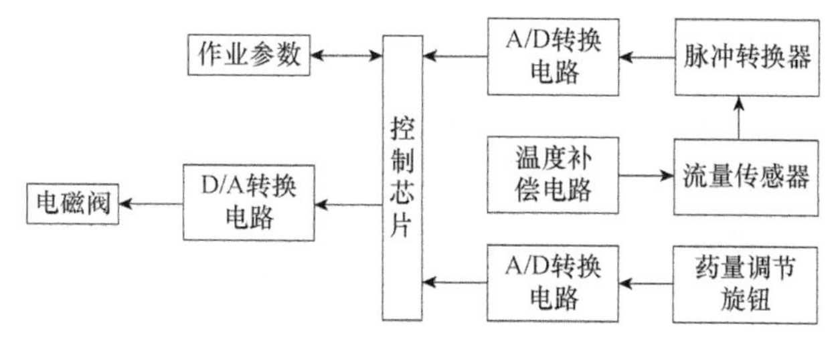

图 1-12 变量控制器结构框图

显示当前施药量（如 1.02g/min）。控制器的理论施药量初始值的校准采用实际注药后测量称重的方法。选用待测消毒机，直接向土壤采样箱里注射药剂后，称量出土壤质量增加量，多次平均后计算，从而得出土壤阻力系数对变量控制器药量控制精度影响的校准加权系数，采用加权系数对不同土质施药量控制精度进行校准。

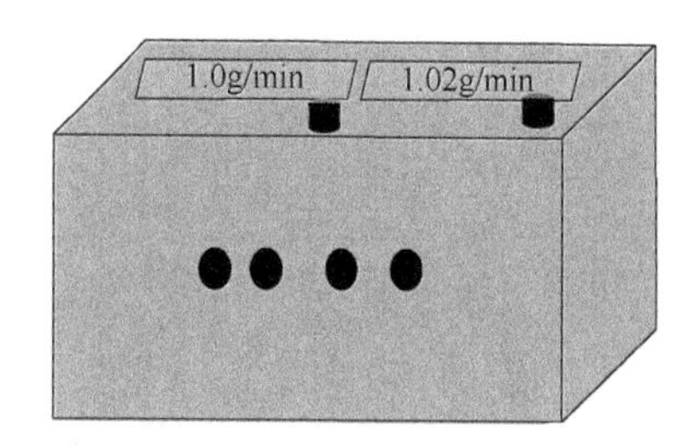

图 1-13 变量控制器外形

1.4.2 结果和分析

1. 流量测定试验及分析

试验基于 PWM 实现变量施药，利用试验结果建立施药的流量模型。通过设定 PWM 信号的占空比和频率来控制电磁阀在施药系统中的开闭时间和频率，记录施药系统中的出药流量。本流量测定试验是在系统额定压力 0.28MPa 下，用清水代替药液，测定 PWM 信号的频率和占空比对施药流量的影响，从而建立施药流量模型。

试验方法设计为利用洁净干燥的量筒预先装满水再倒空，使筒壁沾水后，用精度为 0.1g 的电子秤测量量筒初始质量，然后将量筒放在注药单元下方。打开储气罐阀门，向储液罐内充入加压气体，调节调压阀并将充气压力稳定在系统额定压力 0.28MPa。液罐内压力稳定后，接通控制器电源，通过显示屏设置控制器输出 PWM 信号的频率和占空比。通过试验测定，当频率超过 8Hz 时，系统震动强烈，会缩短阀体寿命，影响注药准确率，因此设定频率 1～8Hz 分 8 个频段变化，在每个频段下设置占空比以 10%的步长在 10%～100%变化。设定测量时间为 30s，用精度为 0.1g 的电子秤对每个频率下不同占空比时注药单元 30s 的出水量杯称重并记录。额定压力下出药量试验数据如表 1-2 所示。

表 1-2 额定压力下出药量试验数据

频率/Hz	占空比/%									
	10	20	30	40	50	60	70	80	90	100
1	55.8	122.4	178.5	239.6	304.2	342.2	379.4	463	521.1	592.3
2	59.7	119.4	179.9	237.1	304.1	359.5	427.7	465.1	499.4	595.9
3	62.2	125.4	181.4	244.9	312.6	340.4	393.5	436.1	480.1	595.4
4	64.7	131.1	187.1	236	292.2	336.3	398.7	431.1	495.1	601.9
5	53.1	108.9	177.8	246.5	305	366.6	398.3	455.1	493	605.7
6	50	112.6	170.5	229.5	302.1	355.5	394	460.5	518.9	597.5
7	48.8	110.7	160.9	247.1	293	309.9	374.3	436.9	551.9	590.4
8	43.5	96.6	172.5	223.8	262.9	311.9	331.5	428.4	474.8	581.7

通过对试验数据进行分析，得出施药量与占空比呈正比线性关系，施药量与频率关系不显著。因此，通过表 1-2 选取线性拟合程度最好的频率，采用固定频率下变换占空比来实现流量精准控制。

本试验对 PWM 信号在不同频率条件下占空比与剂量关系进行了线性回归，建立了不同频率下基于 PWM 信号占空比的施药流量控制模型并得出不同频率下对应的决定系数。不同频率下出药量决定系数如表 1-3 所示。线性决定系数越高，表明控制器在该频率下流量控制越精准。

表 1-3 不同频率下出药量决定系数

频率/Hz	1	2	3	4	5	6	7	8
R^2	0.9956	0.9953	0.9884	0.9908	0.9912	0.9978	0.9856	0.9833

由表 1-3 所示，频率对流量控制的决定系数相对理想，其中在频率为 6Hz 时决定系数最大，其流量调节模型为

$$y=ax-b \tag{1-1}$$

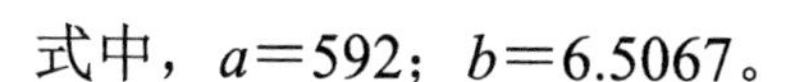

式中，$a=592$；$b=6.5067$。

该模型的线性拟合度 R^2 为 0.9978，它有最好的线性关系，控制器在此频率下能最精准地控制剂量。

2. 基于变化车速的施药量精准控制试验及分析

试验采用 PWM 占空比和脉冲频率双参数对药量进行精准在线调节，通过控制器采集作业速度信号，根据预先设定的施药量等级，实现不同作业速度下的动态在线调节。通过田间试验研究，多次校正，本系统控制模型选取频率为 6Hz，控制模型的误差小于 1%。图 1-14 为变化车速的施药量精准控制曲线。

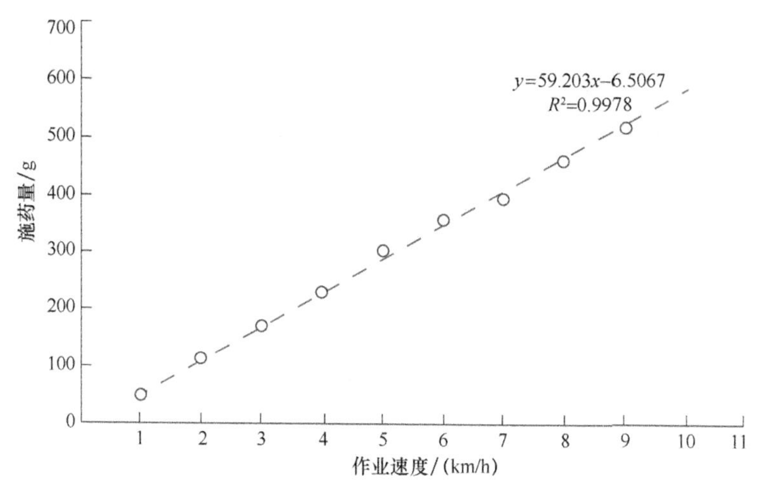

图 1-14　变化车速的施药量精准控制曲线

3. 精准消毒机施药作业对产量的影响试验及分析

试验用精准消毒机在种植茄子的农田对茄子开展土壤施药试验研究，共选取 3 个地块，每个地块分 5 个小区，共 15 个小区。每个小区按照经验复配一种处理进行消毒作业，作业前先获取土壤线虫数量，得出病情指数，采用 20%辣根素水乳剂施药后，对不同区域进行防治效果统计。试验数据结果表明，86%的线虫得到有效抑制，机械化施药处理平均病情指数为 3.75%，平均防治效果为 54.27%。收获时统计出的产量结果表明，机械化施药收获产量为 157.6kg/亩（1 亩≈667m^2），人工施药收获产量为 135.61kg/亩。

从试验产量数据可得，机械化施药后每亩能提高茄子产量 22kg 以上，通过平均防治效果可得机械化施药收效最低的处理比传统人工消毒控制线虫高 5%。土壤消毒机田间试验结果表明，整个系统的施药安全，施药作业稳定性、流量控制精准性得到验证。

1.4.3 结论

本节设计了消毒机各部分结构，完成了新型消毒机结构的三维机械模型。通过样机田间试验得出以下结论：

1）专用防堵塞装置和管路有效解决了土壤施药堵塞问题，采用盘式转动分流技术，以及多通道药剂量均量分配器能提高机械化施药效果。

2）基于霍尔传感器、转速编码器等信息手段，开发新型消毒机变量控制器，实现圆盘注药药量和速度之间的精准调节。结果表明，当系统控制模型选取频率为 6Hz 时，控制模型的误差小于 1%。

1.5 土壤机械化作业配套软件

土壤处理是农业生产的首要步骤。温室土壤消毒是果蔬种植的一个关键环节，通过调理剂对土壤进行改善，消灭土壤中的病菌、虫卵和草籽，能显著提高作物的品质和产量，并降低后期植保的药剂的投入和人工成本。传统的土壤消毒采用人工作业，存在劳动强度大、操作人员呼吸道受刺激和土壤中药量不均等问题。为解决人工作业中存在的问题，土壤机械化作业成为重要的技术手段，代替人工实现高效、精准的规模化土壤处理。

机械化土壤消毒就是利用机械作业和传感器监测等技术手段，将土壤消毒药剂按需投入指定地块。和传统人工作业相比，将直接近距离接触农药的环节，变为通过人操作机械，由机械来完成对人不利的作业环节。机械作业效率高，作业质量受到机械操作水平的影响，因此对机械化土壤精准消毒的管理就成为最重要的环节之一。

机械化土壤精准消毒的管理目前缺乏专业的软件，这和土壤机械化消毒机具的研制投入不足有一定关系，还和种植大户、企业及农业管理部门的认识有一定的关系。从国外先进经验看，机械化精准作业的管理工作对作业质量有很大的影响，实际生产中对温室机械化土壤精准消毒管理软件有很强的需求，本节介绍的软件对该领域有一定的指导意义。

1.5.1 软件原理及开发语言

温室机械化土壤精准消毒管理软件的开发主要针对温室机械化精准消毒作业，重点围绕温室机械化土壤精准消毒过程中药剂变量投入监管。

该软件基于 Android Studio 开发，开发语言为 Java。该软件集成了 Arcgis for Android 地图插件，能导入 shp 格式地图数据，并加载了在线谷歌地图，实现了坐标偏移的消除，基于 GPS（global positioning system，全球定位系统）实时获取机械地理位置，通过空间分析计算土壤消毒变量控制数据，通过蓝牙模块发送给执行机构，实现机械化精准消毒控制。

1.5.2 软件设计

1. 软件界面设计

软件可安装在安卓系统手机上运行，通过布置在手机桌面上的应用图标（图 1-15）可快速进入。点击应用图标快捷方式登录软件后，软件自动运行和启动后台程序，并加载用户的机具信息和用户的权限信息，输入用户密码后即可进入软件主界面。

图 1-15 手机界面的软件应用图标

2. 软件底图功能设计

软件自动加载谷歌在线影像底图，如图 1-16 所示。软件基于友好用户界面的原则设计了 SHAPE 图层功能，可个性化地加载温室基地土壤处理所需信息。通过“SHAPE 图层”按钮导入制作好的 shp 文件底图，从软件的数据接口导入 4 种信息，提高软件土壤机械化管理精度，方便用户对温室基地的整个园区进行监管。

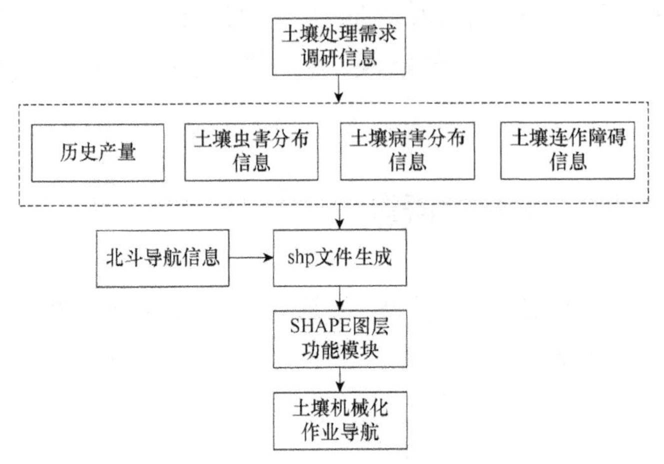

图 1-16　软件底图功能设计

3. 软件通信设计

软件通信增加了蓝牙发送功能。“蓝牙发送”按钮用来与数据接收端进行蓝牙配对，并发送控制数据。该功能有助于提高 shp 文件底图等的配置效率。

4. 定位功能设计

软件具有自动监测温室机械化土壤精准消毒机位置的功能，该信息可以为温室机械化土壤精准消毒管理提供指导。软件的实时经纬度信息可通过界面显示，用户可以直观地看到当前所处的地理经度和纬度位置；软件界面用于显示要发送给执行机构的控制数据。

1.5.3 软件应用

1. 加载基础数据

SHAPE 图层导入是软件在一个温室基地实际管理作业的第一步工作。被导入的完整文件应至少包含 prj、shp、shx、dbf 4 个文件，坐标

系采用 WGS1984 墨卡托投影，将制作好的 shp 文件复制到 Android 系统根目录。图 1-17 是 SHAPE 图层导入。

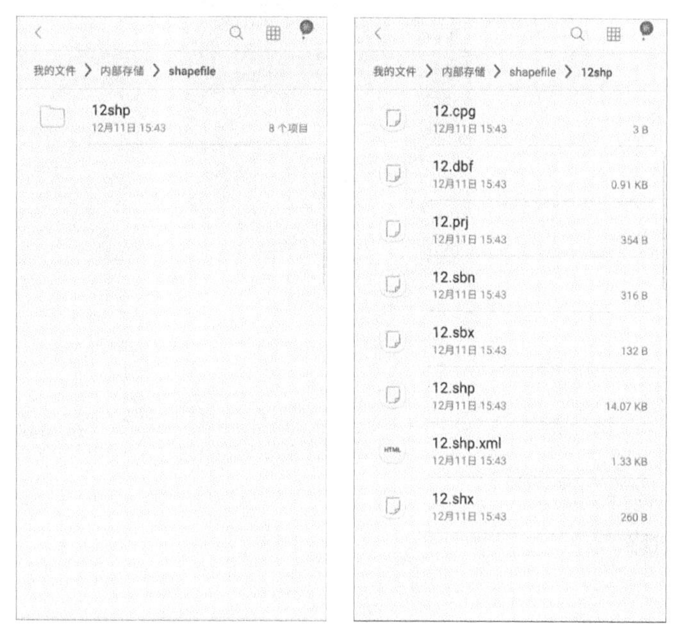

图 1-17 SHAPE 图层导入

点击主界面的“SHAPE 图层”按钮，可添加图层覆盖在线影像底图。图 1-18 是软件的图层覆盖实例。软件内置偏移消除算法，能够自动实现图层和底图的匹配。当定位点在图层内时，软件自动进行空间分析，找出温室土壤精准消毒机定位点所在面的对应属性值。

2. 蓝牙配对与数据传输

通过手机管理温室机械化土壤精准消毒需要手机和终端进行配对，终端移动布置在任何位置，汽车、办公室、拖拉机中都可以。

点击主界面的“蓝牙发送”按钮，弹出蓝牙配对界面，自动寻找周边的终端。已成功配对的设备可在手机上显示。点击“扫描蓝牙”按钮，可手动添加新的配对设备，配对成功后，软件在空间分析后找出的图层属性值将通过蓝牙模块发送到配对设备，实现消毒机构的精准控制。图 1-19 是应用中的蓝牙配对实例。

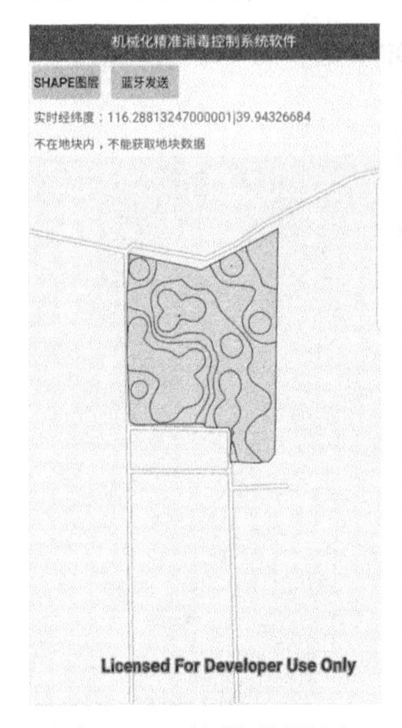

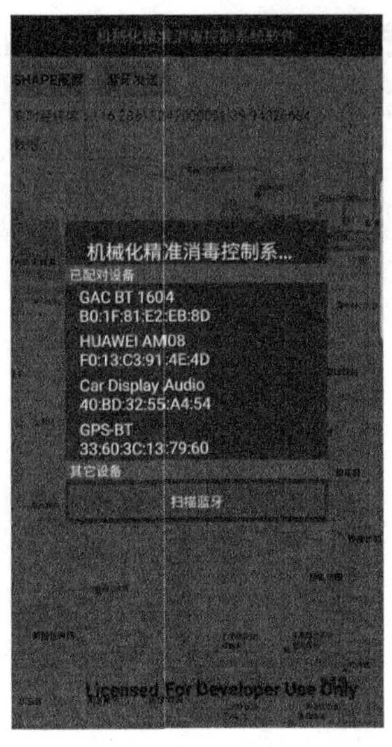

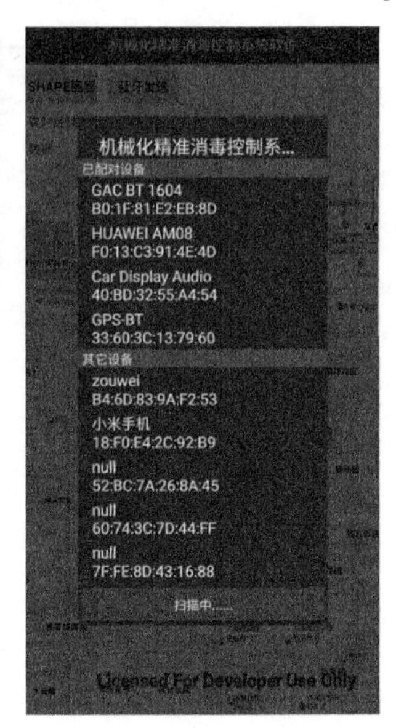

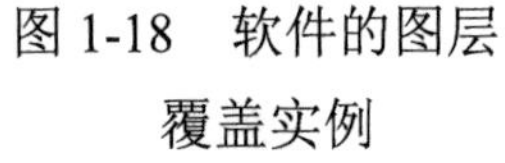

图 1-18　软件的图层覆盖实例

图 1-19　应用中的蓝牙配对实例

1.5.4　结论

本节基于 Java 语言开发了能在手机终端运行的温室机械化土壤精准消毒管理软件，并将软件用于京郊温室的实际生产中，提高了温室基地机械化土壤精准消毒管理水平。

1.5.5　展望

实践调研中发现，温室基地对简单实用的小软件的需求很旺盛，能在手机运行的适合温室基地的小软件是其中的重点，市场潜力巨大。因此，企业应走在前面，对温室园艺管理水平的提升发挥重要的推动作用。

1.6　土壤处理物联网平台软件

土壤处理经过多年的快速发展，逐渐开始向新能源的利用上延伸。

温室中碳排放少的土壤太阳能环保节能消毒是一个减少碳排放的创新尝试。作为温室生产中一项重要的新技术，其对于减少能源消耗，实现高效持续的土壤消毒有重要意义，达到了省工增效的目的。但是，太阳能消毒存在作业时间长、作业过程监管不及时的问题，影响了这一技术的规模化应用。

要解决太阳能土壤消毒作业过程精准管理的问题，需要对整个过程进行在线监控。本节介绍在线管理平台软件，可有效解决这一生产问题。

1.6.1 软件简介

该软件用于采集并在线发布与管理土壤消毒作业时的温湿度等环境数据。数据采集设备通过太阳能供电，24h 不间断进行数据采集与上传，用户通过软件可查询最新的土壤温湿度数据，并能对历史数据进行统计分析。

1.6.2 软件流程

太阳能节能环保消毒温湿度在线管理软件基于 Visual Studio 2010 开发，开发语言为.NET。软件通过输入网址进入管理网页，可登录一台已联网计算机进行操作，不分地域和时间查看和调控太阳能节能环保消毒系统。图 1-20 是土壤处理物联网平台软件主要流程。

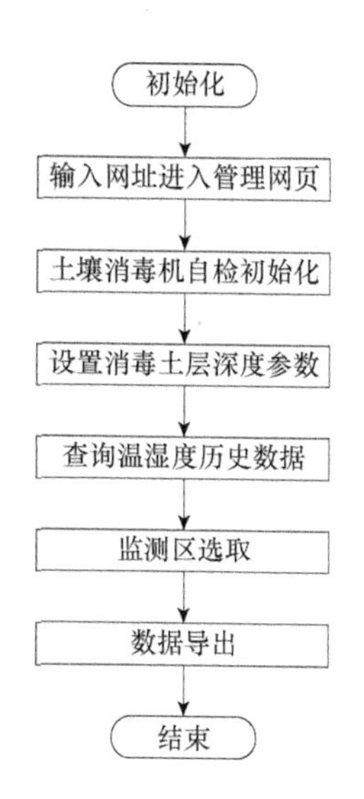

图 1-20 土壤处理物联网平台软件主要流程

1.6.3 软件功能

1. 数据分时管理

土壤消毒过程中，土壤动态的温湿度参数需要实时监测，数据每隔半小时更新一次，主界面显示最新数据，通过点击右下方的分页区域（框线区域），可以查询温湿度历史数据（图 1-21）。

2. 数据分区管理

该系统可以监管多个位于不同省份的土壤消毒系统同时进行消毒作业，实现跨区域作业在线监控。如图 1-22 所示，针对不同区域的土壤消毒温湿度数据，可通过界面左上角的下拉框选取并查看。

太阳能节能环保消毒温湿度在线管理软件

数据导出

采集时间	土壤表层温度（℃）	土壤表层湿度（%）	土壤次层温度（℃）	土壤次层湿度（%）	土壤深层温度（℃）	土壤深层湿度（%）
2018/12/27 15:33:08	-9.75	14.81	-5.63	10.19	-4.31	14.94
2018/12/27 15:02:57	-9.81	14.81	-5.81	10.25	-4.37	15.06
2018/12/27 14:32:47	-10.00	14.69	-6.06	10.25	-4.50	14.94
2018/12/27 14:02:36	-10.38	14.63	-6.37	10.19	-4.69	14.75
2018/12/27 13:32:26	-10.63	14.56	-6.69	10.31	-4.87	14.94
2018/12/27 13:02:15	-10.94	14.38	-6.94	10.38	-5.13	14.81
2018/12/26 20:29:34	-8.69	15.00	-4.62	10.25	-2.94	14.69
2018/12/26 19:59:25	-8.44	15.06	-4.50	10.31	-2.88	14.94
2018/12/26 19:29:16	-8.50	15.19	-4.37	10.31	-2.88	14.88
2018/12/26 18:59:07	-8.44	15.19	-4.37	10.38	-2.88	14.88

北京农业智能装备技术研究中心 ©版权所有　　12345678910...

图 1-21　数据分时管理

太阳能节能环保消毒温湿度在线管理软件

数据导出

采集时间	土壤表层温度（℃）	土壤表层湿度（%）	土壤次层温度（℃）	土壤次层湿度（%）	土壤深层温度（℃）	土壤深层湿度（%）
[illegible]	-10.44	14.44	-6.06	10.25	-4.69	14.81
2018/12/28 16:33:14	-10.63	14.50	-6.12	10.31	-5.00	14.63
2018/12/28 16:03:04	-10.69	14.44	-6.37	10.38	-5.13	14.63
2018/12/28 15:32:53	-10.81	14.38	-6.50	10.25	-5.31	14.56
2018/12/28 15:02:42	-11.00	14.38	-6.81	10.25	-5.38	14.69
2018/12/28 14:32:31	-11.25	14.31	-7.00	10.19	-5.56	14.75
2018/12/28 14:02:20	-11.63	14.19	-7.44	10.25	-5.75	14.63
2018/12/28 13:32:09	-11.94	14.06	-7.88	10.31	-5.94	14.50
2018/12/28 13:01:59	-12.38	13.94	-8.19	10.31	-6.25	14.56
2018/12/27 21:05:00	-10.56	14.19	-6.06	10.38	-4.31	14.19

北京农业智能装备技术研究中心 ©版权所有　　12345678910...

图 1-22　数据分区管理

3. 数据汇总上报和分析

为了方便地进行数据汇总上报和统计分析，软件开发了数据管理功能。如图 1-23 所示，单击左上角的“数据导出”按钮，可将当前区域下的所有历史数据自动生成 Excel 表格，也可按照上级管理单位要求自定义生成数据格式。数据管理输出结果如图 1-24 所示。

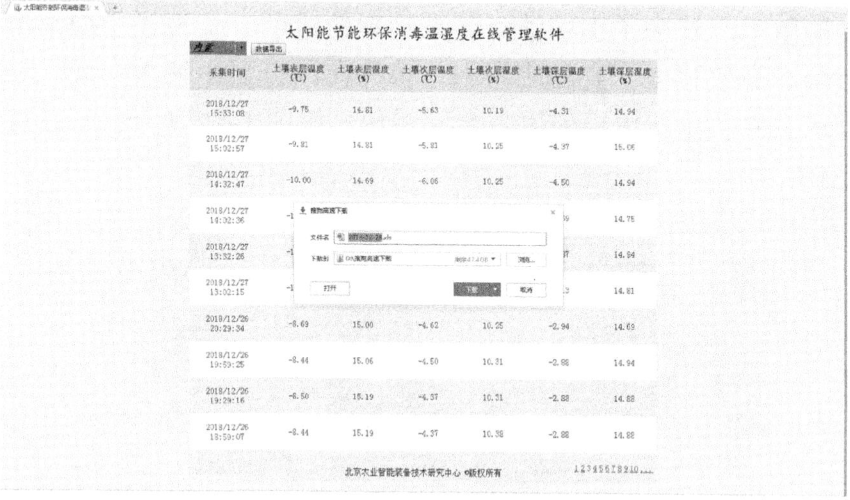

太阳能节能环保消毒温湿度在线管理软件

采集时间	土壤表层温度(℃)	土壤表层湿度(%)	土壤次层温度(℃)	土壤次层湿度(%)	土壤深层温度(℃)	土壤深层湿度(%)
2018/12/27 15:33:08	-9.75	14.81	-5.63	10.19	-4.31	14.94
2018/12/27 15:02:57	-9.81	14.81	-5.81	10.25	-4.37	15.06
2018/12/27 14:32:47	-10.00	14.69	-6.06	10.25	-4.50	14.94
2018/12/27 14:02:36	[illegible]	[illegible]	[illegible]	[illegible]	[illegible]	14.75
2018/12/27 13:32:26	[illegible]	[illegible]	[illegible]	[illegible]	[illegible]	14.94
2018/12/27 13:02:15	[illegible]	[illegible]	[illegible]	[illegible]	[illegible]	14.81
2018/12/26 20:29:34	-8.69	15.00	-4.62	10.25	-2.94	14.69
2018/12/26 19:59:25	-8.44	15.06	-4.50	10.31	-2.88	14.94
2018/12/26 19:29:16	-8.50	15.19	-4.37	10.31	-2.88	14.88
2018/12/26 18:59:07	-8.44	15.19	-4.37	10.38	-2.88	14.88

北京农业智能装备技术研究中心 ©版权所有　12345678910...

图 1-23　数据导出

2018-12-28 (1).xls - Microsoft Excel

	A	B	C	D	E	F	G
1	采集时间	土壤表层温度(℃)	土壤表层湿度(%)	土壤次层温度(℃)	土壤次层湿度(%)	土壤深层温度(℃)	土壤深层湿度(%)
2	2018/12/28 17:03	-10.44	14.44	-6.06	10.25	-4.69	14.81
3	2018/12/28 16:33	-10.63	14.5	-6.12	10.31	-5	14.63
4	2018/12/28 16:03	-10.69	14.44	-6.37	10.38	-5.13	14.63
5	2018/12/28 15:32	-10.81	14.38	-6.5	10.25	-5.31	14.56
6	2018/12/28 15:02	-11	14.38	-6.81	10.26	-5.38	14.69
7	2018/12/28 14:32	-11.25	14.31	-7	10.19	-5.56	14.75
8	2018/12/28 14:02	-11.63	14.19	-7.44	10.25	-5.75	14.63
9	2018/12/28 13:32	-11.94	14.06	-7.88	10.31	-5.94	14.5
10	2018/12/28 13:01	-12.38	13.94	-8.19	10.31	-6.25	14.56
11	2018/12/27 21:05	-10.56	14.19	-6.06	10.38	-4.31	14.19
12	2018/12/27 20:34	-10.44	14.25	-6	10.44	-4.25	14.25
13	2018/12/27 20:04	-10.19	14.38	-5.81	10.31	-4.06	14.63
14	2018/12/27 19:34	-10.06	14.5	-5.63	10.25	-4	14.69
15	2018/12/27 19:04	-10	14.63	-5.56	10.31	-3.94	14.81
16	2018/12/27 18:34	-9.75	14.81	-5.44	10.19	-3.81	14.81
17	2018/12/27 18:04	-9.75	14.5	-5.38	10.19	-4	14.81
18	2018/12/27 17:33	-9.62	14.75	-5.25	10.44	-3.94	14.88
19	2018/12/27 17:03	-9.62	14.69	-5.19	10.19	-4	14.81
20	2018/12/27 16:33	-9.5	14.69	-5.38	10.31	-4	14.94
21	2018/12/27 16:03	-9.5	14.88	-5.44	10.31	-4.12	14.88
22	2018/12/27 15:33	-9.75	14.81	-5.63	10.19	-4.31	14.94
23	2018/12/27 15:02	-9.81	14.81	-5.81	10.25	-4.37	15.06
24	2018/12/27 14:32	-10	14.69	-6.06	10.25	-4.5	14.94
25	2018/12/27 14:02	-10.38	14.63	-6.37	10.19	-4.69	14.75
26	2018/12/27 13:32	-10.63	14.56	-6.69	10.31	-4.87	14.94
27	2018/12/27 13:02	-10.94	14.38	-6.94	10.38	-5.13	14.81
28	2018/12/26 20:29	-8.69	15	-4.62	10.25	-2.94	14.69
29	2018/12/26 19:59	-8.44	15.06	-4.5	10.31	-2.88	14.94
30	2018/12/26 19:29	-8.5	15.19	-4.37	10.31	-2.88	14.88
31	2018/12/26 18:59	-8.44	15.19	-4.37	10.38	-2.88	14.88
32	2018/12/26 18:28	-8.38	15.19	-4.31	10.25	-2.81	14.94
33	2018/12/26 17:58	-8.13	15.31	-4.12	10.25	-2.75	15.19
34	2018/12/26 17:28	-8.19	15.31	-4.19	10.38	-2.88	15.06
35	2018/12/26 16:58	-8.19	15.31	-4.19	10.25	-3	15.13
36	2018/12/26 16:28	-8.25	15.38	-4.25	10.19	-2.94	15.19
37	2018/12/26 15:58	-8.31	15.31	-4.5	10.31	-3.06	15.13
38	2018/12/26 15:27	-8.38	15.38	-4.56	10.25	-3.12	15.13
39	2018/12/26 14:57	-8.63	15.31	-4.75	10.19	-3.37	15.13
40	2018/12/26 14:27	-8.88	15.06	-5	10.38	-3.5	15.13

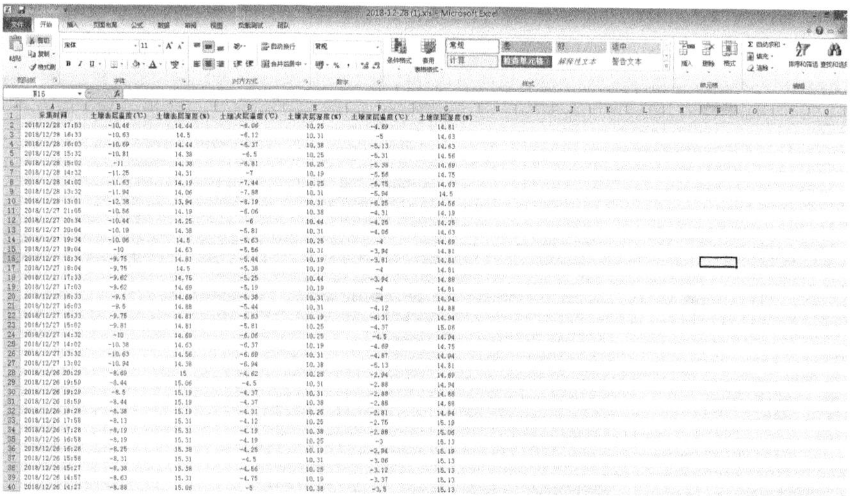

图 1-24　数据管理输出结果

数据的统计分析可以在数据输出结果的基础上进行，通过数据分析可以找到数据的发展变化趋势、数据之间的关联和作业异常波动的地块，这些数据管理的分析结果可以用作精准管理的依据。

1.6.4　软件应用

在北京大兴区多处种植基地开展了试验测试和田间应用，取得了较好的效果，解决了土壤消毒精准管理的难题，实现了土壤消毒药剂的省药和高效管理。实际应用中，首先在浏览器中输入网址，在打开的登录主界面输入授权的用户名和密码，如图 1-25 所示，可以进入系统管理界面。

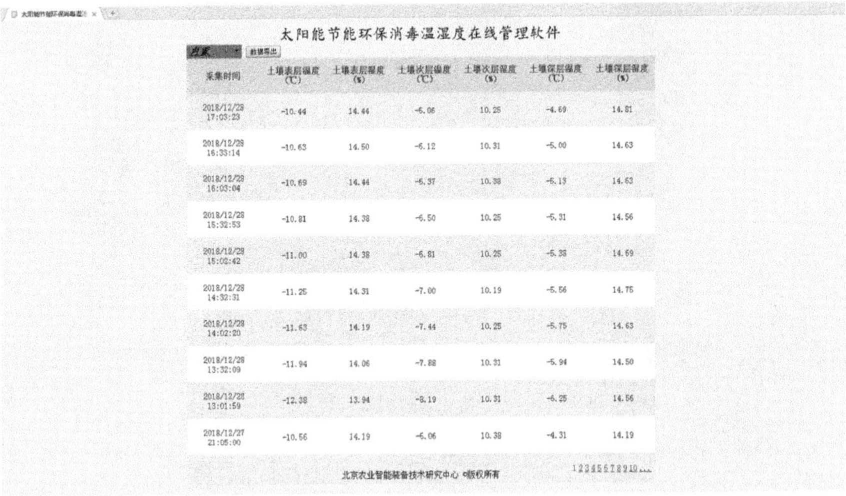

太阳能节能环保消毒温湿度在线管理软件

数据导出

采集时间	土壤表层温度（℃）	土壤表层湿度（%）	土壤次层温度（℃）	土壤次层湿度（%）	土壤深层温度（℃）	土壤深层湿度（%）
2018/12/28 17:03:23	-10.44	14.44	-6.06	10.25	-4.69	14.81
2018/12/28 16:33:14	-10.63	14.50	-6.12	10.31	-5.00	14.63
2018/12/28 16:03:04	-10.69	14.44	-6.37	10.38	-6.13	14.63
2018/12/28 15:32:53	-10.81	14.38	-6.50	10.25	-5.31	14.56
2018/12/28 15:02:42	-11.00	14.38	-6.81	10.25	-5.38	14.69
2018/12/28 14:32:31	-11.25	14.31	-7.00	10.19	-5.56	14.75
2018/12/28 14:02:20	-11.63	14.19	-7.44	10.25	-5.75	14.63
2018/12/28 13:32:09	-11.94	14.06	-7.88	10.31	-5.94	14.50
2018/12/28 13:01:59	-12.38	13.94	-8.19	10.31	-6.25	14.56
2018/12/27 21:05:00	-10.56	14.19	-6.06	10.38	-4.31	14.19

北京农业智能装备技术研究中心 ©版权所有　　1 2 3 4 5 6 7 8 9 10 ...

图 1-25　系统管理界面

在实践中，土壤消毒温湿度数据分 3 层进行管理，分别是土壤表层、土壤次层和土壤深层，具体深度以传感器植入深度为准。

1.6.5　总结

通过软件开发及应用的实践发现，小软件发挥“大用途”这一趋势将成为设施装备研发的新热点。通过此类软件的开发和应用，可以将温室农业机械的作业数据很快和大数据对接，发挥持续效力。

平台网络化也是温室园艺装备发展的另一个趋势和亮点。通过将软件系统运行在服务器上，可以避免用户自己配置管理专用计算机的成本和麻烦，同时可实现随时随地监管，也可在手机页面上进行监管，实现灵活移动的目的。

“小步快走”的装备研发思路能实现研究和生产的密切结合，比起国外开发的一些庞大而难用的系统而言，此类小软件更加适合我国的生产需要；通过合理的配置使用，必将发挥更加重要的作用。

1.7 基于激光的土壤评价装备

土壤质量是农业可持续发展的重要指标，保持和提高土壤质量是设施农业发展的重要任务（郑昭佩等，2003）。土壤质量包含诸多指标，作为一个复杂的系统指数，其和土壤健康、土地质量及土壤服务功能密切相关（刘世梁等，2006）。土壤质量的指标体系包括生物学等多个不同体系的因子，国际上比较常用的评价方法主要有多变量指标克立格法、土壤质量动力学方法、土壤质量综合评分法和土壤相对质量法（刘占锋等，2006）。要了解土壤质量，首先要有精确的土壤质量调查数据。本节试验测试了一种土壤耕层质量调查在线扫描系统，结果表明，该系统有助于提升蔬菜生产中土壤（如颗粒大小、平整度等）调查和评价的技术水平。

1.7.1 材料和方法

1. 系统测量原理

该系统基于田间移动轨道平台，利用了激光光束的单色性、方向性等优势，同时融合无合作目标激光测距和精密测角两种方法，将极坐标测量与计算机数值计算还原技术紧密结合，实现了农田被耕作后的精准的土壤评价。系统测量原理如图 1-26 所示。

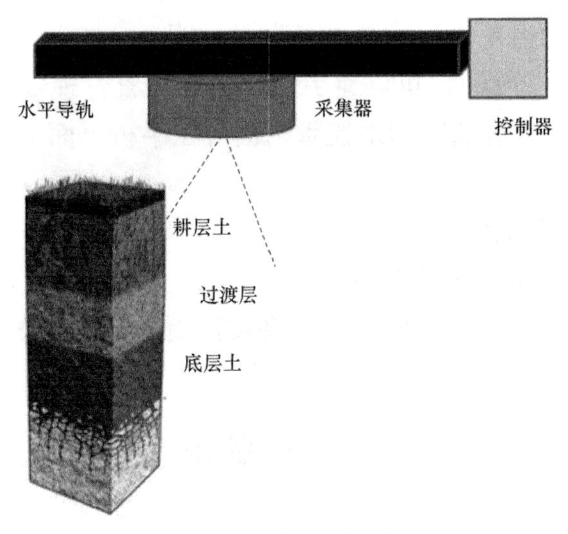

图 1-26 系统测量原理

2. 系统结构

该系统包括控制器、采集器、水平导轨、软件、外接电源盒等部分。其中，最核心的控制器用来调节装置在导轨上精准移位和土壤表面积变化的记录，采集器用来采集接收土壤反射的激光信号并进行保存。

3. 系统使用田间条件

旋耕开沟机械在温室内进行平整地作业时，温室内由于相对封闭，多潮湿闷热，阳光的暴晒加上保温膜对热量的汇聚，棚内温度很高；土壤旋耕或翻地带来的尘土、蔬菜秸秆碎末及温室结构的水泥桩等都对测量工作有一定影响。按照温室田间现场条件，该系统设计有防潮、抗烟尘、电池供电等功能。

该系统对土壤表面积的测量利用了激光扫描的技术。由于激光自身具有密集测量的优势，具有检测精度高的特点，同时，随之而来的问题是数据量大。为解决这一问题，需要对数据处理算法进行优化，将数据进行压缩降维。硬件上，对小于 2m 的单个土壤待测区域表面积数据，处理器的检测和运算时间不应超过 200s。为了对待测地块数据进行深入还原分析，需要同时将测量原始数据快速备份保存。农田中温度高和湿度大可能带来一定的干扰，要考虑大容量数据存储设备性能的可靠性。

4. 试验方法

该系统有 3 种检测模式，即手动检测、定点检测和自动检测。手动检测是由操作者控制移动检测指示光斑随意进行测量和记录，用来对系统进行校准；定点检测是由操作者设置起止角度及测量点数等参数，系统自动按照所定参数进行测量并记录，用来对关键位置点进行信息获取；自动检测是依照内部设定的程序系统自动检测并记录数据。本试验采用手动检测完成系统校准，放置一个 10 000mm^2 的金属板，采用定点检测对系统进行校验。采用自动检测进行田间试验，田间试验的装置实物如图 1-27 所示。

图 1-27 田间试验的装置实物

检测方法如下：测量时首先确定土壤检测断面位置。在土壤地面上标出土壤中心线的位置 A 和 B，测出点 A 在土壤断面坐标系 XOZ 中的坐标值。在土壤地面纵向轴线上再确定一个定向点 C，从而确定出土壤的地面纵向轴线 AC。对于不同耕深土层，采集器垂直旋转，实现纵向轴向定位。将采集器移动到标志点 A 的上方，调水平，将激光向下对中点 A，并测出导轨高，调水平与对中，将激光指向纵向，而后水平旋转 90°，使激光束指向横断面右侧。扫描测量记录数据，分析数据。

1.7.2 结果和分析

系统测试结果如图 1-28 所示。从图 1-28 中可看出，5 组土壤作业面的数据有较好的一致性，表层土作业前和作业后相比变化不显著。整地作业后平均值为 354mm，标准差为 27mm。

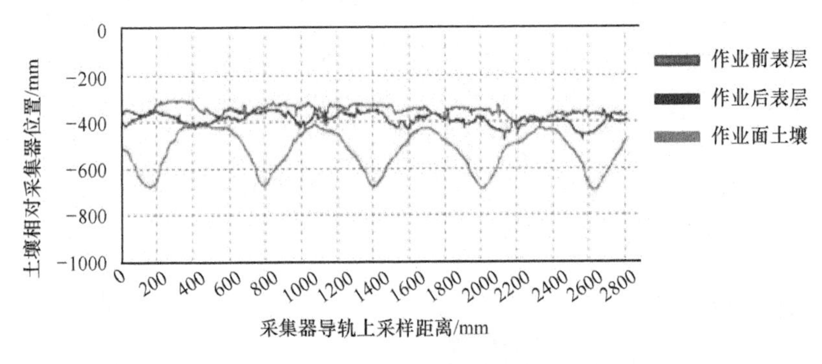

图 1-28 系统测试结果

进一步对比 5 组作业面，作业前地表线至深松铲尖形成沟底线的横断面积为 831 043mm^2，以耕前地表为基线的实际深松横断面积为 391 030mm^2，进一步求得土壤膨松度为 11%，土壤扰动系数为 47.1%。

通过耕前地表数据与耕后地表数据的计算，获得耕作土壤评估距离曲线，耕前地表与耕后地表的距离曲线如图 1-29 所示。作业范围的两侧土壤起伏较大，原因可能是作业点靠近地边，土壤紧实，耕作后有较多土块。结合图 1-28 和图 1-29 可得，表层土的变化和作业面土壤及土壤质量相关性比较显著。

从图 1-29 可得，旋耕开沟机械作业后，为获得土壤表面参数进行采样，并和作业前的土壤表面参数比较。作业后的土壤表面可获取到更多的激光反射数据，点的数量显著多于作业后点的数量。作业后通过点的数量多少和点的分布变化可以评价作业质量的好坏。图 1-30 所示为耕前地表至实际深松沟底线的距离曲线。

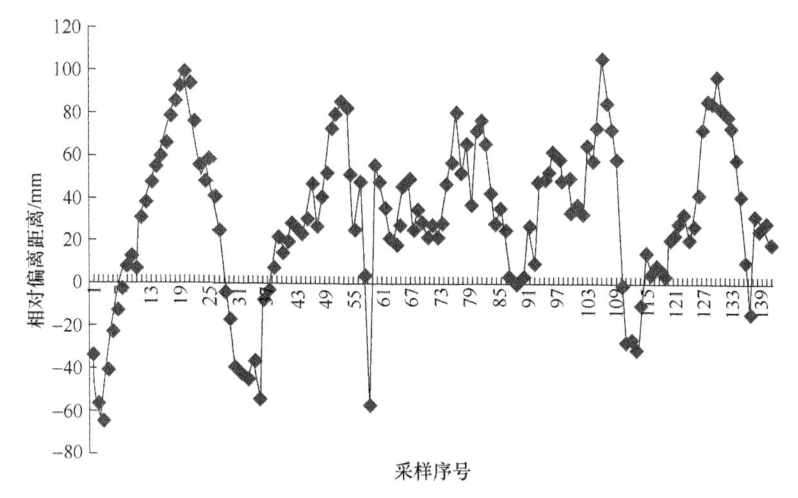

图 1-29　耕前地表与耕后地表的距离曲线

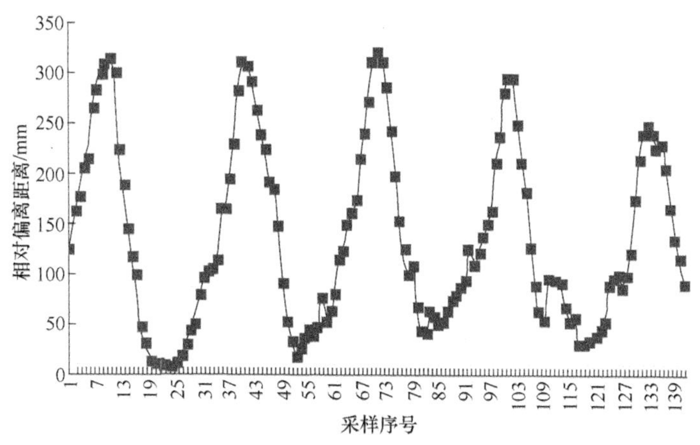

图 1-30　耕前地表至实际深松沟底线的距离曲线

从图 1-30 可得，由耕前地表至实际深松沟底线的距离可得出作业后土壤断面信息，其中最右侧一个深松犁的作业面相比其余 4 组变化较明显，主要原因是该部位土壤质量相比其余部分较差。

1.7.3　结论

试验采用基于激光的土壤耕层质量调查在线扫描系统对农田实际的土壤质量进行测试，通过耕前地表与耕后地表的距离评判土壤整体质量，通过耕前地表至实际深松沟底线的距离得到作业面的具体土壤质量差异。试验结果表明，系统能较好地获得土壤耕层质量关键信息，为土壤质量评判提供参考。

本章小结

本章围绕温室种植前必需的几个关键环节涉及的轻简化装备展开论述，主要从现状、耕整地、消毒、预处理、软件、物联网平台、土壤评价7个方面，从实际应用角度深入浅出地介绍设计原理、方法及实例，可为学习和理解种前装备提供指导。

第2章　育 苗 装 备

2.1　穴盘育苗压穴装备研究概述

穴盘育苗包括填土、压穴（又称打孔）、播种、覆土等环节（邓剑锋等，2015；闫国琦等，2008；时玲等，2004），在完成基质填盘后，还需要对穴孔中的基质进行压穴，即对落入穴盘中的基质进行人工或机械式的压实，并形成一定深度的穴坑。受不同基质种类、含水率等因素影响，填盘的基质容易出现成团的问题，进而造成基质覆土不均或穴孔中基质蓬松量少现象，无法满足种苗后续生长对营养水分的需求，影响出苗质量（沙国栋等，2005；朱留宪等，2011）。因此，育苗压穴的目的就是压实基质并形成播深，保证穴孔中基质汲取水分连续性和幼苗根系的坚实不散，尽可能增大基质装填量，满足农艺上对种子播深和覆土厚度的需求（邓剑锋等，2015；刘国敏等，2004）。早期育苗压穴多由手工完成，劳动强度大，压穴深度不一致，种子出苗不整齐（高原源，2018）。随着育苗产业化的发展，一系列面向育苗产业压穴效率和质量需求的机械压穴装置不断出现，配套育苗流水线其他环节设备，实现育苗作业机械化和自动化，提高了育苗质量和出苗率。

2.1.1　国外压穴装置研究现状

工厂化育苗产业起源于欧美发达国家，经过三十多年的发展，已经成为这些国家蔬菜园艺生产的支柱产业。其配套的机械化育苗技术已经较为成熟，相应的育苗流水线设备齐全，功能完善，作业效率高；配套的相关产业，如种子处理、基质加工等方面设施完善。针对不同规模的种植户，

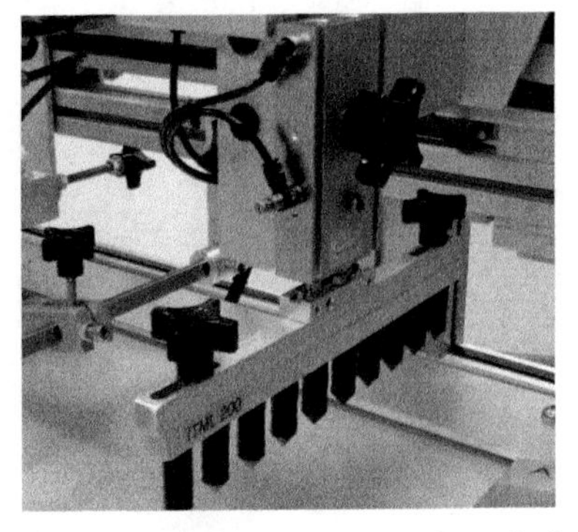

图 2-1 美国 Seederman 公司生产的单排压穴机构

开发相应的配套装置，不仅满足小型农户需求，而且适应大规模育苗播种需求。

美国 Seederman 公司生产的 GS 系列针式穴盘育苗播种装置配套排针式精密播种机的单排式压穴机构，具有播种精度高、操作简便等优点。美国 Seederman 公司生产的单排压穴机构如图 2-1 所示，其采用气压驱动，依靠与其下工作台上履带的配合，实现每次移动压穴一行的效果，压穴对中性好，效率为 300 盘/h。装置上的压穴针可更换，以适应不同规格穴盘需要，压穴深度可调。

荷兰 Visser 公司依据类似原理，将单排式压穴机构改进为双排压穴机构。荷兰 Visser 公司生产的双排压穴机构如图 2-2 所示，其同样采用气压驱动，每次压穴 1～2 行，配合双排气力针式播种机，快速提高作业效率。同时，为适应滚筒式播种机效率需要，荷兰 Visser 公司还研发了压穴辊机构（图 2-3），其动力来自工作平台下的驱动电动机，经过一系列机械传动，实现压穴辊与清土辊同步运动，压穴的同时实现清土效果。每次通过更换压穴辊匹配不同规格的穴盘，压穴深度可调。

图 2-2 荷兰 Visser 公司生产的双排压穴机构

图 2-3 荷兰 Visser 公司生产的压穴辊机构

西班牙 Conic System 公司生产的 PRO-300 穴盘自动播种机精度高，速度快，采用真空气吸板式播种，速度达 1000 盘/h，适应不同种子和穴盘播种需求。其中，压穴机构结构为整盘压穴，如图 2-4 所示，其压穴效率高，同时采用滑轨连接，替换方便。此外，韩国大东机电 Helper 生产的自动育苗生产线采用的是单排气压驱动压穴装置；意大利 URBINATI 公司则根据不同生产线需求，采用排式压穴装置或辊式压穴装置。

图 2-4 西班牙 Conic System 公司生产的压穴机构

2.1.2 国内压穴装置研究现状

国内在育苗播种流水线装备研究方面较之欧美发达国家起步较晚。近些年，随着我国工厂化育苗技术的大力普及和推广，相关生产设备和育苗技术也逐渐被大多数农户认可，促进了相关产业的快速发展。然而，受限于国内育苗设备技术不完善、小型育苗企业较多、购买力有限和复杂的作业环境需求等因素，国内研究者主要在引进吸收国外先进技术基础上，开发适合我国国情的育苗设备，我国的育苗产业也处在半自动化向全自动化过渡的阶段。

为适应小型农户作业需求，邓剑锋等（2015）开发出了手动育苗打孔装置。该装置采用手动板式压穴，如图 2-5 所示。通过手动按压手柄，实现整盘穴盘压穴，保证了穴孔形状、位置和深度的一致；两侧设置螺杆升降装置，以调节压穴深度。该装置结构简单，成本较低，且摆脱了对电力或动力驱动的限制，使用范围扩大，满足小型农户作业需求。但对大规模育苗种植户而言，其效率低，人工劳动强度大。

国内开发的新型平行四杆压穴机构如图 2-6 所示。该机构基于平行四杆压穴机构原理，通过旋转压穴板，带动其上的压穴针实现压穴。对不同规格穴盘，改变压穴板和压穴针数量即可匹配。在压穴的同时，压穴板压平穴孔周围基质，使压出穴孔孔型规则且基质不回填，适用于流水线作业。新型平行四杆压穴机构整体结构简单，成本低。

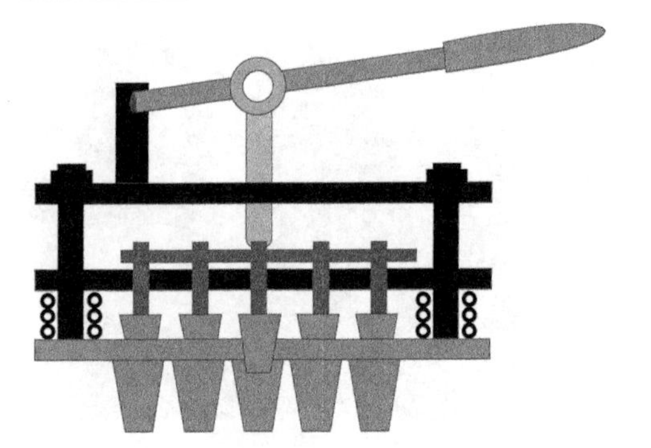

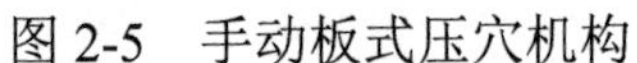
图 2-5　手动板式压穴机构

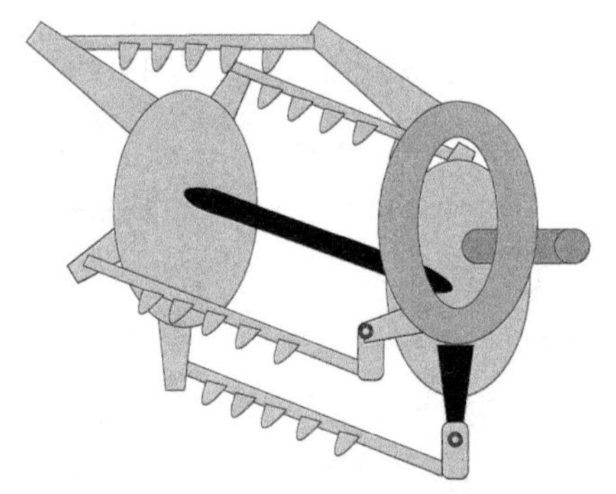

图 2-6　新型平行四杆压穴机构

此外，借鉴国外单排或多排压穴机构（郭晨星，2018；高辉松等，2012；何金伊等，2011），结合国内基质实际情况，国内开发出图 2-7 所示的板式压穴机构，其将气动驱动方式改进为液压驱动，整盘压穴效果稳定，适应不同基质或床土压穴需求。台州一鸣 YM-0911 生产线中搭配的压穴装置采用的是单排气压驱动压穴机构。图 2-8 为台州赛得林的压穴装置，采用辊式压穴机构，其工作不需要单独动力，主要依靠传送带上穴盘的运动带动压穴辊的转动，进而对穴盘进行压穴操作，工作效率高。采用类似压穴结构的还有 2BYLS-320 型水稻秧盘联合播种机（李坤明，2016）。这种结构因其无动力驱动，工作过程中易出现“卡盘”或压穴对中性差的问题，造成出苗不居中，压实效果差，影响后续种苗的自动分选移栽。

图 2-7　板式压穴机构

图 2-8　辊式压穴机构

针对压穴对中性差造成水稻幼苗生长过程中发生串穴的问题，吴文富等研制了 YB-2000 型自动播种生产线，其中压穴环节和覆土环节通过链传动实现同步运动，保证了压穴辊的主动旋转，同时调节传送带速度实现同步压穴。输送带与压穴辊分别由不同的电动机带动，因此其对不同规格穴盘无法实现较高精度的压穴对中性。周海波等研制了基于电磁换向阀和气缸限位的水稻秧盘输送同步对中机构，保证了穴盘播种时的精准对中，提高了投种精度（马志艳等，2019；北京农业机械化学院，1981）。中国农业大学研制了一种同步压穴设备，其依靠链条节距和穴距匹配的方法实现压穴辊与穴盘同步，但受链条节距所限，对不同规格穴盘适应性不好（高原源，2018；马伟等，2011）。

2.1.3 趋势和展望

通过国内外研究现状可知，现有的压穴装置根据其结构样式可分为板式压穴和辊式压穴两种。其中，板式压穴是在压穴板上安装压穴针，在人工或气液压驱动下垂直穴盘压穴，压穴成型和对中性好，但效率偏低，无法满足大面积工厂化作业需求，且压穴针之间堵塞基质不易清理，影响压穴成型效果。辊式压穴采用圆辊上安装压穴针，通过圆辊旋转实现压穴，可实现圆辊不停歇转动，因此压穴效率高。辊式压穴根据其驱动形式又可分为被动压穴和同步压穴。被动压穴无须另外配置动力，仅依靠传送带上的穴盘推动压穴辊转动压穴，结构简单实用；同时，在圆辊旋转方向上安装固定式板刷，可快速清理压穴针上的黏滞基质。圆辊转动仅依靠穴孔边缘推动，因此压穴对中性不稳定，传送带带面光滑时还易出现“卡盘”现象。同步压穴则通过机械传动或单独配置动力，可以有效避免“卡盘”问题，但在不同规格穴盘适应性与压穴对中精度方面有待提高。

随着国内穴盘育苗产业的发展，以及对作业效率和质量需求的提高，穴盘辊式压穴因其高速不间断作业将成为育苗种植户的首要选择，而对其中出现的如压穴对中性和压穴深度不稳定、不同规格穴盘匹配性差等问题的研究有待进一步加强。

2.2 新型穴盘育苗辊式同步打孔装备

集中育苗是指设施栽培中按照需求订单制订育苗计划，统一购种、播种施肥、集中管理、批量供应的一种高效育苗方式，是现代设施农业发展的必由之路，在京郊温室中大多采用集中育苗的方式进行生产。这种生产模式导致大量的重复劳动集中在较短的时间和较小的空间里，这就对劳动者提出较为苛刻的要求。劳动强度大、作业人数多、传统的人工方式逐渐不太适应等问题都需要利用机械化作业方式解决。其中，播种之前的打孔决定了播种的质量和整齐度，是一个非常关键的环节。采用机械化打孔作业能提高播种后的秧苗位置均匀性和长势的一致性，种子发芽同步性和育苗供应商品苗的高度也都比人工打孔有优势。另外，打孔机是机械化播种的一个重要环节，对播种的质量也会产生一定的影响。

2.2.1 设计原理

采用辊式同步的方法，打孔辊和输送带同步配合运动，在装满穴盘的基质上压出用来盛放种子的一定深度的穴孔。通过调节辊和穴盘的相对位置，使得打孔位置都分布在穴盘育苗穴的中央。通过检测穴盘的信号调节打孔辊的启动和运动时间，实现连续打孔作业。新型穴盘育苗辊式同步打孔装备结构原理如图 2-9 所示。

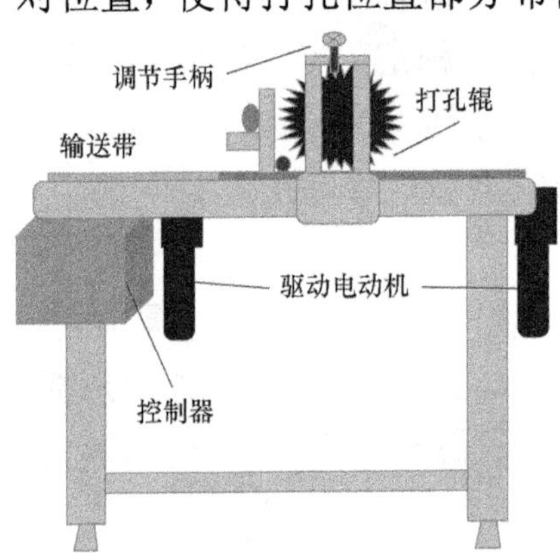

图 2-9　新型穴盘育苗辊式同步打孔装备结构原理

控制器调控驱动电动机带动输送带运动，输送带上的穴盘被输送到打孔辊的下方，另一个驱动电动机带动打孔辊转动，输送带和打孔辊同步运动，在穴盘中的基质上压出播种孔，打孔的深度可以通过转动调节手柄，调低打孔辊高度来改变。

2.2.2 设计试验

整机采用模块化设计，可以与前一个环节的基质填充机械配合使用。两个驱动电动机可独立调节和工作，驱动电动机 1（左侧固定）控制输送带的运动速度，实现连续送盘；驱动电动机 2（右侧固定）通过链条传动来精确调节打孔辊的转动速度。控制器通过驱动信号独立控制两个驱动电动机的转速。打孔的深度可以通过转动调节手柄、调低打孔辊高度来改变。新型穴盘育苗辊式同步打孔装备实物如图 2-10 所示。

图 2-10 新型穴盘育苗辊式同步打孔装备实物

2.2.3 测试材料和方法

试验于 2015 年 11 月 12 日在昌平小汤山精准农业基地进行，天气为多云，试验基质为育苗专用土（蛭石和草炭混合比例约为 1∶3）。试验用穴盘为 105 穴，在 100 个穴盘中随机抽取 20 个用于试验，全部人工装满基质，连续打孔测试。试验重复 3 次，测试结果求平均值。计算求得的主要性能参数表如表 2-1 所示。

表 2-1 新型穴盘育苗辊式同步打孔装备主要性能参数

序号	测试项目	平均值
1	穴盘打孔定位精度/mm	1.2
2	打孔合格率/%	100
3	生产效率/（盘/h）	635
4	最大打孔深度/mm	15

上述试验重复 3 组，通过调节手柄的高低，设定打孔深度为 10mm。经过重复试验，穴盘基质上的打孔合格率达到 100%，生产效率也达到生产要求。通过上述试验可知，表 2-1 中所列的指标需要经过反复调试后才能达到最优，采用类似的对比分析试验是得出该设备最适宜的作业参数的最佳途径。

另外，通过测试结果可以得出，辊式打孔这种一次成型的方法很适合大规模流水线育苗作业，同竖直气动轧孔、人工压穴等方式对比，该打孔方式打孔合格率最优。同时，通过测试也证实红外传感器的穴盘检测方式对于 6 盘/min 的作业流水线是适合的。

通过与其他型号播种流水线上的播种设备、覆土设备的组装调试和对比设计，最终设计的机构外形尺寸为 1900mm×970mm×1202mm（长×宽×高）。

2.2.4 结论

本研究开发了一种新型可用于流水线播种的打孔机，采用模块化技术，可以根据实际需要和播种流水生产线组合使用。通过试验测试得出以下结论：

1）打孔深度是一个重要参数，对于育苗的出苗时间影响较大。本实例通过反复测试，调节手柄最终选定为 10mm，打孔合格率达到了 100%。

2）通过实例对比研究发现，辊式打孔一次成型的方法由于打孔电动机连续转动，输送带作业时连续性较好，比其他两种方式更适合于大规模流水线育苗打孔作业。

3）对比触电开关等感应方式，确定红外传感器用于穴盘检测最经济实用，该传感器检测穴盘的方式适用于 6 盘/min 以上高速作业的流水线打孔，作业质量符合实际需求。

2.3 移栽机械手设计和仿真分析

随着城市化进程的发展，城市绿化在城市建设中的投入逐步增加，其中城市花坛中的花卉因其在短期内可以达到良好的预期视觉效果，在节日庆典环境装饰中发挥了重要作用。2011 年国庆期间北京全市摆花 2000 万盆，全年需求花卉达 1 亿多盆。然而，由于我国现有花卉生产设备配套不完善，劳动投入以人工为主，其中在花卉育苗过程中幼苗由苗床向花盆移栽环节表现尤为突出。盆栽花卉使用周期短，需求数量大，其种苗移栽所需劳动成本高，作业效率低，劳动强度大，亟待研发自动化种苗移栽机械，实现花卉种苗移栽自动化。花卉幼苗形状特征各异，子叶方向随机分布，移栽作业需要准确夹持幼苗，同时防止对子叶和茎秆造成损伤。因此，幼苗夹持末端执行器对于保证自动移栽高效可靠运行具有重要作用。从 20 世纪 80 年代起，随着国外对幼苗智能移栽设备的研究（赵根武，2011），多种移栽夹持末端执行器被应用其中。然而，由于通用性差、采购成本高及操作对象差异等原因，其一直未被我国花卉育苗生产所使用。

本研究基于花卉幼苗高效自动移栽作业需求，总结国内外智能移栽机研究成果和不足，设计了兼有手指伸缩和夹持功能的花卉幼苗移栽末端执行器，并对其结构参数进行优化计算，基于 ADAMS 动力学模型对其夹持效果进行仿真验证，使其最终为花卉智能移栽机高效运行提供可靠支持。

2.3.1 智能移栽系统工作原理

花卉幼苗智能移栽机系统主要由幼苗特征识别系统、末端定位机构及幼苗夹持末端执行器 3 个功能部件构成。幼苗特征识别系统采集幼苗特征信息，获取幼苗在穴盘所处穴孔位置，对缺苗、病苗及畸形苗穴孔位置进行识别，并将位置信息传送于移栽机控制系统。钵苗智能移栽机结构如图 2-11 所示。其定位机构由纵向提升驱动、水平移动导向驱动及手爪间距微调驱动构成，保证移栽末端执行器具有 3 个空间运动自由度，控制夹持末端执行器空间位置，使其快速准确地运动于穴盘和花盆之间，实现将钵苗由穴盘向花盆移栽的序列作业动作，对正常钵苗进行移栽，剔除不良钵苗；夹持末端执行器安装于手爪间距微调驱动机构，可以根据穴盘和花盆不同间距调整彼此间距。本系统共使用 4 个末端手爪进行移栽，当其运动至穴盘苗上方时将幼苗夹起，运动至对应花盆后，将幼苗插入花盆基质穴孔释放。

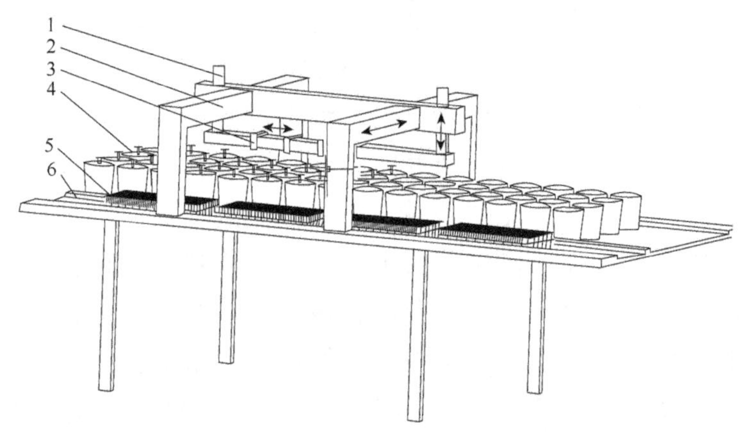

1——纵向提升驱动；2——水平移动导向驱动；3——末端执行器；4——花盆；5——穴盘；6——传送带。

图 2-11　钵苗智能移栽机结构

2.3.2　移栽末端执行器结构设计

1. 设计需求分析

花卉幼苗智能移栽机针对密植的穴盘苗进行移栽，预期其作业效率为每小时移栽 1500 次，采用气动驱动方式有利于满足高效移栽快速响应的要求。依据 128 孔穴盘规格，每次以 4 个穴孔幼苗为一组进行移栽，两个末端执行器之间的最小距离为 120mm。经过测量，得到可移栽花卉幼苗合理高度为 5～10cm。

2. 结构和参数设计

为防止对幼苗茎秆造成损伤，移栽末端执行器采用夹持幼苗根部基质的方式进行操作，其对称分布的钎型手指插入幼苗根部基质（土壤）后并拢夹持，从而将幼苗从穴盘取出。移栽末端执行器如图 2-12 所示，主要由夹持驱动部件和伸缩驱动部件构成。夹持驱动部件包括手指夹持驱动气缸、驱动滑块、连杆等；伸缩驱动部件主要包括手指伸缩驱动气缸、手指等。当末端定位机构使其处于穴盘幼苗穴孔正上方时，手指伸缩气缸驱动手指伸出，插入幼苗根部基质后，手指夹持驱动气缸缩回，由滑块带动连杆牵引手指并拢夹持。释放幼苗时，末端执行器位于花盆上方，手指先张开，然后缩回。手指导向杆除了为手指支撑导向外，其与手指刮磨，可以防止回缩时幼苗根部基质与手指粘连，造成幼苗释放错位，同时清除了手指上的基质和泥土，实现了手指的自动清洁。

末端执行器夹持原理如图 2-13 所示，采用手指夹持方式，通过驱动部件运动仿真获取相对位置及距离。根据穴盘规格确定手指张合两个状态指端之间的距离为 30mm、12mm。为保证 100mm 高度幼苗有足够的空间防止夹伤，手指伸出总长为 260mm，滑块销孔距中心线 25mm，外形规格为 110mm×110mm×350mm。

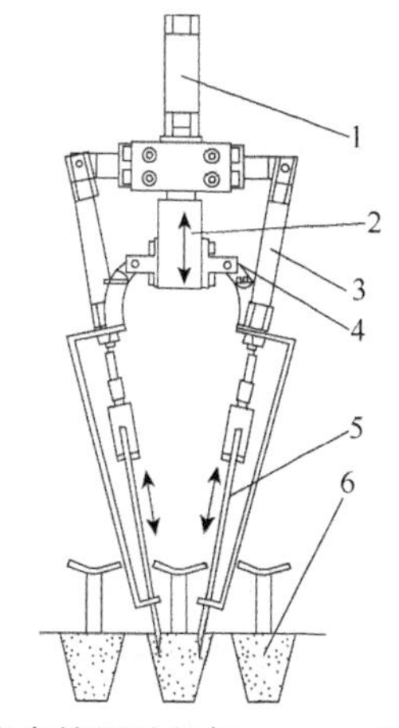

1——手指夹持驱动气缸；2——驱动滑块；
3——手指伸缩驱动气缸；4——连杆；
5——手指；6——穴盘幼苗。

图 2-12 移栽末端执行器

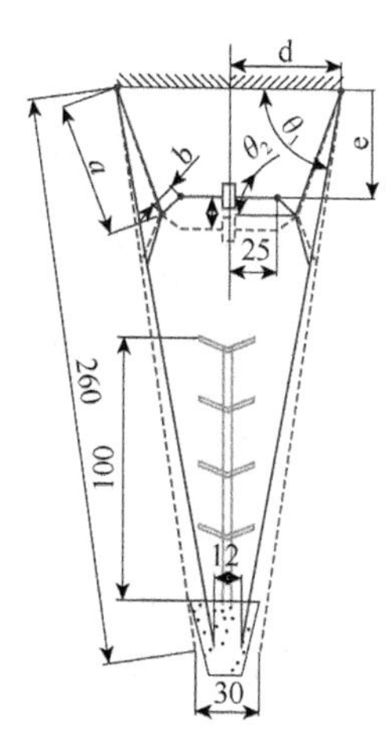

图 2-13 末端执行器夹持原理
（单位：mm）

2.3.3 力学仿真分析

1. 仿真模型设计

为了验证末端执行器对幼苗夹持力学特性，基于 ADAMS 软件对手指夹持力度进行仿真模拟试验。ADAMS 仿真效果如图 2-14 所示，在末端执行器各铰链处添加相应约束，对滑块添加垂直方向单向力驱动 30N，指端处与基质块添加接触载荷。忽略幼苗根部基质弹性变形，得到指端对基质块夹持力度的时间曲线，指端夹持力曲线如图 2-15 所示，最终系统静力平衡后手指指端与基质接触力 F_N 为 12.66N。

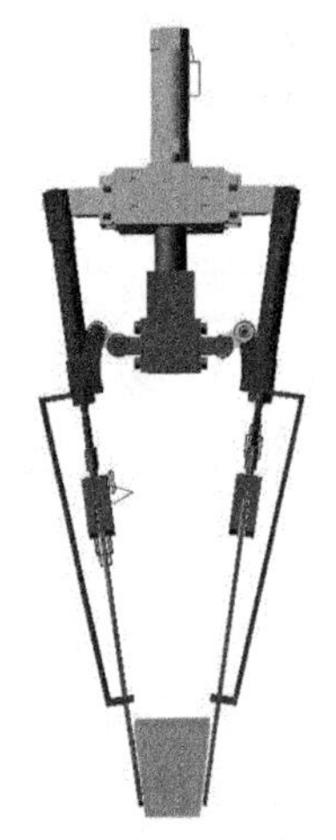

图 2-14 ADAMS 仿真效果

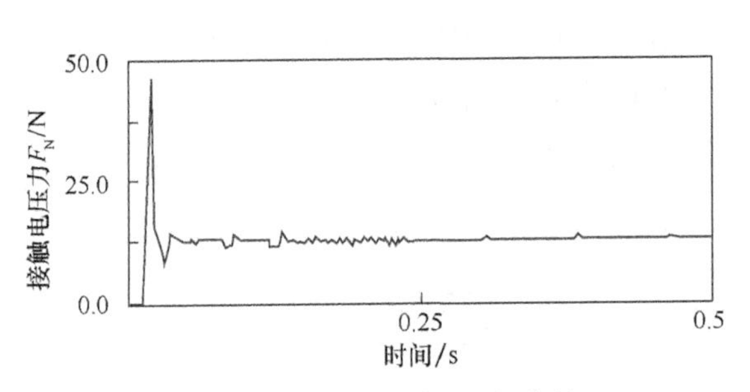

图 2-15 指端夹持力曲线

2. 仿真结果分析

当育苗基质含水量为 35%时，基质与冷轧钢材质加工的手指之间滑动摩擦系数 μ 约为 0.6，则两个手指与基质总滑动摩擦力 F 为

$$F=2\mu F_N=2\times0.6\times12.66=15.192\text{（N）} \tag{2-1}$$

幼苗与根部基质总质量约为 30g，其重力 G 为 0.29N。基质黏结力取 0.5kg/cm^2，根部基质表面积为 S，则幼苗根部提升阻力为

$$f=G+PS=12.42\text{（N）} \tag{2-2}$$

可见，当夹持驱动气缸具有 30N 力时，手指指端夹持产生的摩擦

力大于幼苗根部基质分离阻力。本节所选 SMCCDJ2F16 型气缸推力为32.3N，可以满足使用要求。

2.3.4 结论

幼苗根部夹持末端执行器作为花卉智能移栽机关键部件之一，对于移栽作业高效可靠进行具有重要意义。本节围绕移栽作业效率、可用穴盘规格及花卉幼苗大小的要求，设计了兼有主动夹持和伸缩动作的幼苗移栽手爪，并对其关键零件参数进行计算，有效保证了幼苗移栽作业精度和对根部基质的可靠夹持。最后，基于 ADAMS 软件对末端执行器夹持效果进行力学仿真，结果表明，该装置的机械手爪可以克服基质黏结力和其重力，对幼苗进行可靠夹持、移栽。

2.4 嫁接前切削装备

在我国，茄果类（茄子、辣椒、西红柿等）作物栽培普遍采用嫁接育苗技术，而目前的嫁接作业以人工为主，熟练工的嫁接速度在 120～150 株/h，严重影响了嫁接育苗技术的推广应用。随着温室蔬菜栽培面积的不断扩大，嫁接苗的需求量与日俱增。据不完全统计，全国每年嫁接苗的需求量达几百亿株，人工嫁接无法在短时间内生产大批量的嫁接苗，难以适应现代蔬菜规模化育苗生产（马志艳等，2019），加之嫁接人员缺乏，农村老龄化日趋严重，迫切需要开发出适合国情的具有实际生产能力的嫁接装备。

人工嫁接存在以下问题：①嫁接人员掌握的嫁接技术和熟练程度不同，难以保证嫁接苗生产质量的标准化，从而影响嫁接苗的成活率；②人工嫁接费时费力，生产效率低，随着作业时间的增加，作业质量会有所降低。使用嫁接设备可有效提高嫁接苗的生产质量和工效，降低作业难度，确保嫁接苗的标准化生产和管理。现阶段，我国茄果类蔬菜嫁接机的研制工作已形成阶段性成果，但均未实现广泛推广使用，原因在于蔬菜育苗生产模式与嫁接机不配套，秧苗播种环节仍采用人工作业，以及愈合环节管理粗放，无法实现一体化的嫁接育苗生产，只有在少数上规模的育苗工厂使用嫁接机进行生产，同时嫁接机的价格高也是影响推广应用的原因之一。为了有效解决这一生产需求旺盛和装备价格昂贵之间的矛盾，研究开发一种经济、高效和实用的辅助嫁接装备成为迫切需求。

嫁接前切削装备兼顾了价格和需求，尤其是针对我国小型农户小批量嫁接模式仍占主体，已开发的嫁接机与之生产模式不配套的国情，为种植大户和中小型农业种苗企业提供了一种选择。本研究针对种植大户和中小型农业种苗企业采购大型嫁接设备成本高，种苗生产机械需求大的现状，开发出 TJ-M 型蔬菜嫁接切削器。

该装备基于贴接法的单斜面嫁接切削器，在秧苗切削环节实现机械化，解决人工切削质量标准化低、生产率低的问题，有利于提高嫁接苗成活率。

2.4.1 设计原理

TJ-M 型蔬菜嫁接切削器结构包括支架、切削单元和底板，切削单元包括固定板、双杆气缸、刀座、刀头、切刀、上苗块、走刀块等，如图 2-16 所示。

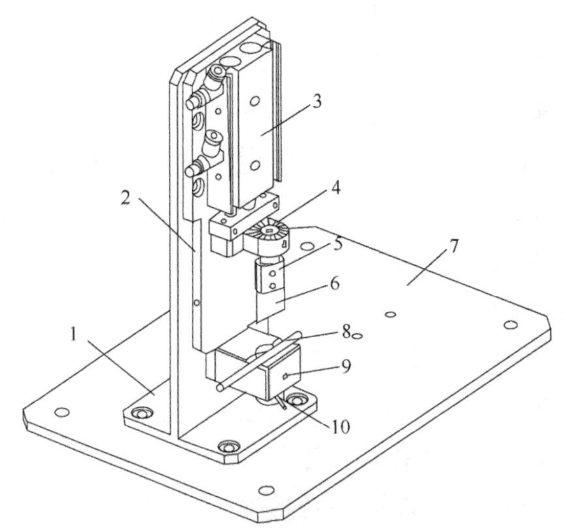

1——支架；2——固定板；3——双杆气缸；4——刀座；5——刀头；6——切刀；
7——底板；8——接穗苗；9——上苗块；10——走刀块。

图 2-16 TJ-M 型蔬菜嫁接切削器结构

工作原理：切削器采用气缸驱动，脚踏阀控制。首先将刀头、走刀块对应调整为预设角度，工作时先将被切削的接穗苗（砧木苗）放入上苗块的 V 形上苗槽内靠紧扶稳，踩下脚踏阀，切刀在双杆气缸的驱动下对接穗苗（砧木苗）的茎部进行切削，此时切刀进入走刀块的走刀缝隙内，松开脚踏阀，双杆气缸带动切刀复位，完成单斜面切削，进入下一循环。

安装方式：双杆气缸和上苗块均安装于固定板上，刀头通过刀座安装于双杆气缸的活塞杆前端，刀头与刀座以轴孔方式配合安装，且刀头可在刀座内顺滑转动；走刀块与上苗块也以轴孔方式配合安装，走刀块可在上苗块内顺滑转动；上苗块上设有 V 形上苗槽，在 V 形上苗槽的中部设有圆形通孔，用于安装走刀块；切削单元纵向固定于支架上，可用于接穗苗切削，切削单元横向固定于支架上，可用于营养钵砧木苗的切削。营养钵砧木苗切削器结构如图 2-17 所示。

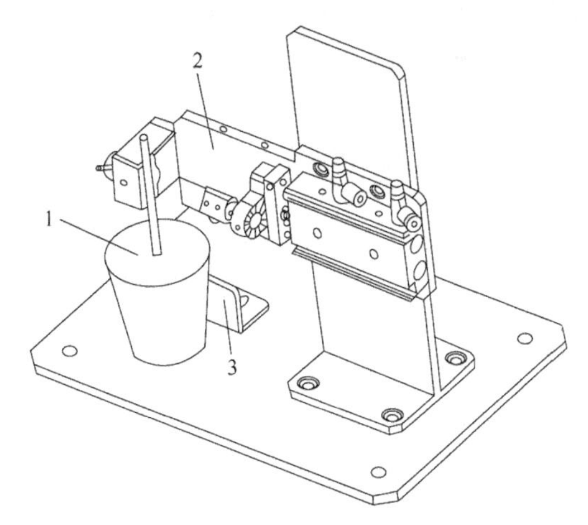

1——砧木苗；2——切削单元；3——限位板。

图 2-17　营养钵砧木苗切削器结构

2.4.2　上苗作业与切削角度调整

上苗作业与切削角度调整示范如图 2-18 所示。其中，接穗上苗如图 2-18（a）所示，把适龄的接穗苗从穴盘中取出（可带土坨，也可直接切断根部取出），将接穗苗的茎部水平放入上苗块的 V 形上苗槽中，双手扶稳，可左右调整好切削的秧苗高度。

砧木上苗如图 2-18（b）所示，把适龄的砧木苗从穴盘中取出（也可上营养钵砧木苗），将砧木苗的茎部竖直放入上苗块的 V 形上苗槽中，双手扶稳，上下调整好秧苗切削的高度。

切削角度调整如图 2-18（c）所示，通过扳手松开刀头的紧固螺栓，对应刀座上的刻度线来旋转刀头，刀头可实现 0°～360°任意调整。确定好切削角度后，用紧固螺栓紧固刀头。

走刀块角度调整如图 2-18（d）所示，通过扳手松开走刀块的紧固螺栓，扳动走刀块的小把手对应上苗座底部的刻度线，调整出切刀的预设角度，确保切刀切断秧苗茎部，能顺利进入走刀块的走刀缝隙中，还需将走刀块的顶面与 V 形上苗槽的底部调平，避免秧苗损伤。

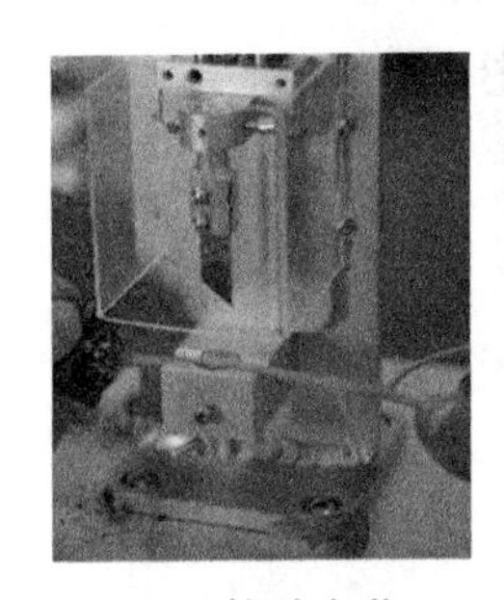

（a）接穗上苗

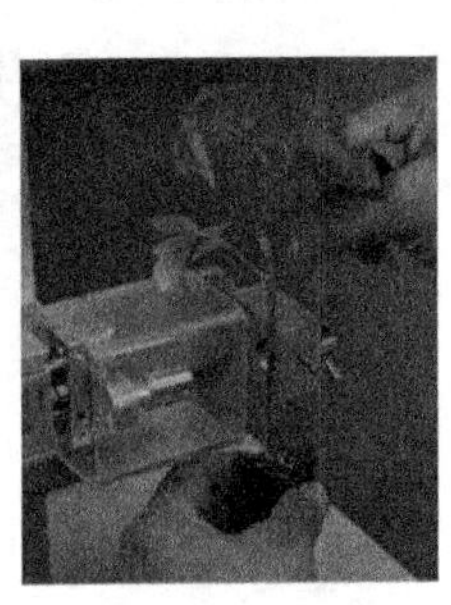

（b）砧木上苗

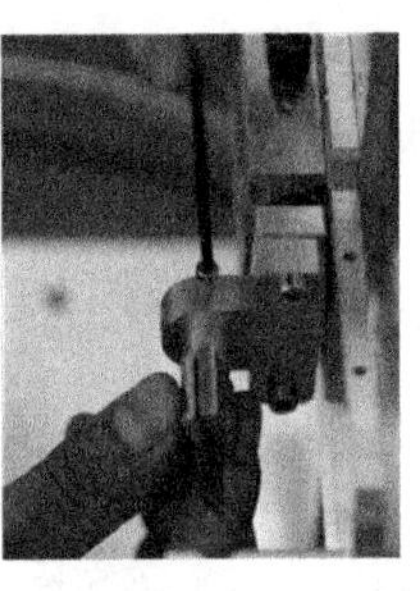

（c）切削角度调整

（d）走刀块角度调整

图 2-18　上苗作业与切削角度调整示范

2.4.3　实例作业分析

嫁接试验对象为番茄，试验目的是在嫁接作业整个过程中，考察切削器的作业生产率和成功率。将切削器作业与人工作业在不同熟练程度下进行对比，切削器以 2 人构成作业组，1 人切削穴盘中的砧木，1 人切削接穗。接穗切削快于砧木切削，当切削完一盘砧木需要嫁接时，切接穗作业者进行砧穗对接、上夹固定。砧木切削完成后，2 人共同进行砧穗对接和固定作业。以砧木和接穗切削正常，砧木与接穗对接正常，固定牢固为嫁接成功。

TJ-M 型切削器与人工作业试验结果如表 2-2 所示。

表 2-2　TJ-M 型切削器与人工作业试验结果

熟练程度	番茄嫁接作业				
	TJ-M 型切削器			人工切削	
	小组生产率/（株/h）	人均生产率/（株/h）	成功率/%	人均生产率/（株/h）	成功率/%
高	650	325	95	115	93
中	480	240	92	88	91
低	310	155	83	68	75

由表 2-2 可知，切削器作业与人工作业相比，其嫁接生产率是人工作业的 2.28～2.83 倍，熟练程度不同，提高的程度也不同。熟练程度高者组成的 2 人作业小组的嫁接生产率为 650 株/h，达到了半自动嫁接机的水平，其人均作业速度是人工作业的 2.83 倍，这说明切削器显著提高了嫁接作业生产率。

2.4.4　结论

本试验结论如下：

1）通过刀柄与走刀块的角度配合调整设计，实现了秧苗切削角度可任意调整；上苗块上设有 V 形上苗槽，提高了对秧苗苗茎的适应范围，且保证了秧苗切削位置的稳定性和准确性。

2）使用 TJ-M 型切削器可完成茄果类蔬菜接穗苗和砧木苗的单斜面切削作业。通过 2 人组队，其嫁接生产效率可达 650 株/h，人均生产率是人工作业的 2.83 倍，已达到半自动嫁接机的作业水平，具备一定的推广前景。TJ-M 型切削器结构简单，价格低廉，适应性强，其嫁接作业生产率和成功率既可满足小型农户的生产要求，也可直接移植到嫁接生产线上满足工厂化嫁接育苗的作业需求。

2.5　蔬菜嫁接机器人

目前，随着我国城镇化快速发展，农村老龄化和劳动力紧缺问题日趋严重，导致蔬菜工厂化育苗可持续发展受到诸多限制（周建军等，2012；冯伟民等，2012），急需一批自动化设备来解决育苗生产大量依赖人工的问题。嫁接是一项技术性很强的工种，要求操作人员精神集中，体力充沛，并且需在短时间内完成大量的嫁接苗，因此，对熟练年轻工人需求很大。蔬菜嫁接机器人的出现，可代替人工嫁接作业，显著提高嫁接效率，降低劳动强度，保证嫁接质量，促进蔬菜工厂化育苗产业化发展（沙国栋等，2005）。因此，嫁接机器人的研制意义重大。

国外嫁接机研究主要集中在日、韩等国家，其均实现了商品化，但因价格昂贵，只有少数规模化生产的育苗中心使用。在中国，嫁接机的研究主要集中在高校和研究所（赵根武，2011；马伟等，2014；王秀等，2016；颜冬冬，2010），相关产品仍处于样机研发阶段，缺乏实际应用。1998 年，中国农业大学张铁中采用贴接法研制出 2JSZ-600 型单臂嫁接机，后改进为双臂嫁接机，嫁接速度达到 850 株/h；2008 年，华南农业大学辜松采用插接法研制出 2JC-600 型嫁接机，嫁接速度为 600 株/h，后与国家农业智能装备工程技术研究中心合作，研制出 2JC-1000A 型瓜科全自动嫁接机，嫁接速度为 1000 株/h。但以上嫁接机均未实现商品化，制约因素包括嫁接设备的适应性、可靠性不高，以及蔬菜育苗生产的集约化、工厂化程度低，缺乏相关配套设备。前人关于嫁接机的研究已具备一定基础，由于采用的嫁接方法不同，结构设计复杂程度各有差异，需结合通用的嫁接方法，在机器的适应性、可调性、高效性等方面进一步深入研究。本节拟以瓜、茄类蔬菜“贴接法”嫁接工艺为基础，采用双工位上苗方式，利用虚拟样机技术，构建瓜、茄类蔬菜嫁接机器人模型，结合气动输出和 PLC（programmable logic controller，可编程逻辑控制器）控制系统，研制蔬菜嫁接机器人。

2.5.1 设计原理

蔬菜嫁接机器人主要包括搬运装置、上苗装置、切削装置、送夹装置和输苗带等，如图 2-19 所示。蔬菜嫁接机器人整体以砧木和接穗搬运装置为基准，分别设置上苗、切削和送夹装置。砧木和接穗搬运装置的初始位置设为水平 0°，在操作台两侧分别设置相应上苗工

位；两个搬运装置相向旋转 90°，分别设置 2 组砧木和接穗的切削工位；两个搬运装置相向旋转 180°，设置为砧木和接穗对接工位。

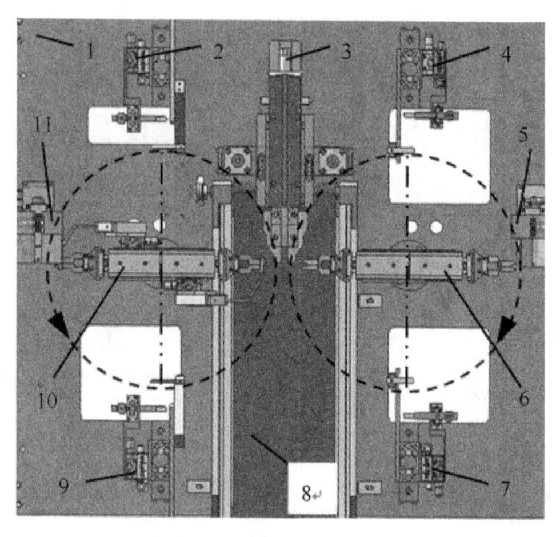

1——操作台；2——砧木切削装置Ⅱ；3——送夹装置；4——接穗切削装置Ⅱ；5——接穗上苗装置；6——接穗搬运装置；7——接穗切削装置Ⅰ；8——输苗带；9——砧木切削装置Ⅰ；10——砧木搬运装置；11——砧木上苗装置。

图 2-19 蔬菜嫁接机器人结构

工作过程：将砧木和接穗分别放入砧木上苗装置和接穗上苗装置中，踩下砧木和接穗的上苗触发脚踏开关，砧木和接穗搬运装置的第 1 组夹持手伸出，夹持住砧木和接穗并缩回，搬运装置相向旋转 90° 至砧木和接穗的切削工位。砧木和接穗切刀分别对砧木和接穗进行切削。搬运装置继续相向旋转 90° 至对接工位，第 1 组夹持手再次同时伸出，使砧木和接穗的两个切削面准确贴合在一起。送夹装置推出嫁接夹，夹持住砧木和接穗的贴合部位，第 1 组夹持手松开嫁接苗并缩回，嫁接苗落到输苗带上并输出，完成 1 株苗嫁接；在砧木和接穗对接作业的同时，两个搬运装置的第 2 组夹持手处于上苗工位，伸出并对砧木和接穗进行取苗。搬运装置同时反向旋转 90°，第 2 组夹持手至砧木和接穗的切削工位，砧木和接穗切刀分别对砧木和接穗进行切削；同时，第 1 组夹持手也到达相应的切削工位等待。两个搬运装置继续反向旋转 90°，第 2 组夹持手到达对接工位；同时，第 2 组夹持手再次伸出，使砧木和接穗的两个切削面贴合。送夹装置再次推出嫁接夹，完成 2 株苗嫁接。接着，第 1 组夹持手重新处于上苗工位，依此类推，循环作业。

2.5.2 关键部件设计

嫁接机器人各工序配合精度要求较高，主要体现为搬运装置、切削装置、上苗装置和送夹装置的调整方面，精度均控制在±0.5mm以内，以满足嫁接要求。以下分别说明各工序精度要求和实现方式。

1. 搬运装置

搬运装置是实现双工位上苗作业的核心部分，其采用水平对称式双夹持手的旋转臂结构，设计要求砧木和接穗搬运装置运转具有同步性，确保上苗、切削、对接工位的精度。砧木搬运装置结构如图2-20所示，其由夹持手、子叶推杆、取苗气缸、固定座、连接块、旋转电动机等组成，虚线、箭头表示砧木切刀旋转切削轨迹，用以切除一片子叶和生长点。

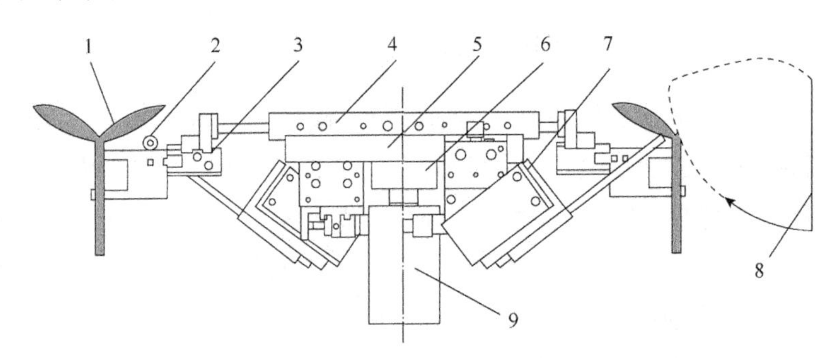

1——砧木苗；2——子叶推杆；3——夹持手；4——取苗气缸；5——固定座；6——连接块；7——推杆气缸；8——砧木切刀；9——旋转电动机。

图2-20 砧木搬运装置结构

作业工艺路线：在上苗工位，取苗气缸带动夹持手伸出夹持住砧木；旋转90°至切削工位，砧木切刀由下至上旋转切削，将夹持手中的砧木的一片子叶和生长点切除，形成切削面；继续旋转90°，夹持手中的砧木苗处于对接工位，准备嫁接。同时，另一夹持手处于上苗工位，实现了夹持手在对接作业时，另一夹持手进行上苗作业。接穗搬运装置的结构与砧木搬运装置类似。

综合上苗与对接装置的位置关系与作业行程要求，气缸选型如下：取苗气缸选用 TPC ADRM10-30 型双杆气缸，夹持手选用 TPC NFP2-12D-T 型气爪，推杆气缸选用 MXH6-30 型导杆气缸。搬运装置的位置精度取决于旋转臂半径，半径越大，误差越大，因此旋臂半径应尽量小。由于伸出气缸、夹持手等均为水平安装，因此旋臂总长度 L（mm）计算如下：

$$L=2\times(L_1+L_2+L_3)+d \tag{2-3}$$

式中，L_1 为取苗气缸缩回状态总长度，取 99mm；L_2 为气爪在取苗气缸前端安装后的长度，取 26mm；L_3 为夹持手长度，取 44mm；d 为 2 个取苗气缸安装距离，取 2mm。

经计算，L 为 340mm。

进而，2 个搬运装置的中心距离 H（mm）计算如下：

$$H=L+2A-2B \tag{2-4}$$

式中，L 为旋臂总长度，取 340mm；A 为取苗气缸的行程，取 30mm；B 为接穗夹与砧木夹对接重合的长度，取 3mm；H 为 2 个搬运装置中心距离，经计算，H=96mm。

为保证搬运装置的位置精度和同步性，砧木和接穗搬运装置采用双侧齿轮齿条进行同步驱动。搬运装置驱动结构如图 2-21 所示。

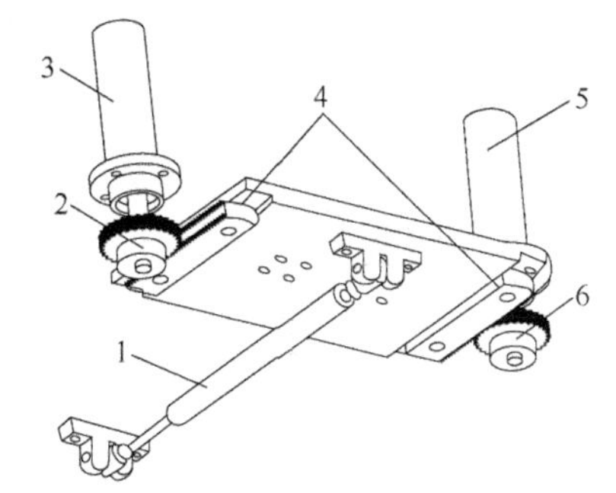

1——三位气缸；2——齿轮；3——砧木搬运装置；4——齿条；5——接穗搬运装置；6——齿轮。

图 2-21 搬运装置驱动结构

为实现搬运装置在 0°→90°→180° 的位置转换，齿条驱动选用 SMC CDM 2B20-50+50-XC10 型三位气缸，该三位气缸的两段行程均为 50mm，每段行程要求齿轮刚好旋转 90°，齿轮分度圆直径 D（mm）计算如下：

$$L_4=\frac{1}{4}\pi D \tag{2-5}$$

式中，L_4 为三位气缸的 2 段行程，取 50mm。

经计算，D=63.5mm，D 取整为 64mm，进而可以确定齿轮齿数 Z，计算如下：

$$D=mZ \tag{2-6}$$

式中，D 为齿轮分度圆直径，取 64mm；m 为齿轮模数，取 1mm。

经计算，$Z=64$，齿条与齿轮的参数一致，齿条长度为 200mm。

搬运装置在上苗、切削、对接 3 个工位中，3 个位置的气缸作业情况如下：在 0° 上苗工位，两个活塞杆均处于缩回状态；在 90° 切削工位，有一个活塞杆伸出；在 180° 对接工位，两个活塞杆均处于伸出状态。由于三位气缸的行程误差为 0～1.4mm，90° 切削工位有一个活塞杆伸出，最大旋转角度偏差为 0°～2.5°，因此秧苗切削效果不会影响对接环节。在 0° 和 180° 的上苗和对接工位，气缸驱动装置的下部设置液压缓冲器，用于缓冲运转惯性和消除位置误差。通过调整，液压缓冲器的位置精度可控制在±0.5mm，能满足夹持手取苗和对接作业要求。

2. 切削装置

砧木和接穗的切削装置各设有 2 组，均采用旋转切削方式，并对称安装于砧木和接穗搬运装置旋转 90° 的切削工位。贴接法要求瓜类作物切除砧木的一片子叶和生长点，在子叶基部形成切削面，接穗从茎部 8～10mm 处切断形成切削面；茄类作物切削均要求从茎部进行切断，形成切削面。两类作物切削面的角度要求在 20°～30°。

砧木切削装置包括压苗气缸、旋转气缸、*XY* 调节机构、切刀等，如图 2-22 所示。切削瓜类砧木时，压苗气缸伸出压住预留子叶，旋转气缸驱动切刀自下而上旋转作业；切削茄类砧木时，压苗气缸不动作。由于切削后保留下来的部位不同，接穗切削时切刀要自上而下旋转切断接穗茎部。为避免接穗子叶切伤，增设顶杆气缸托起子叶。接穗切削装置与此结构类似，此处不再赘述。

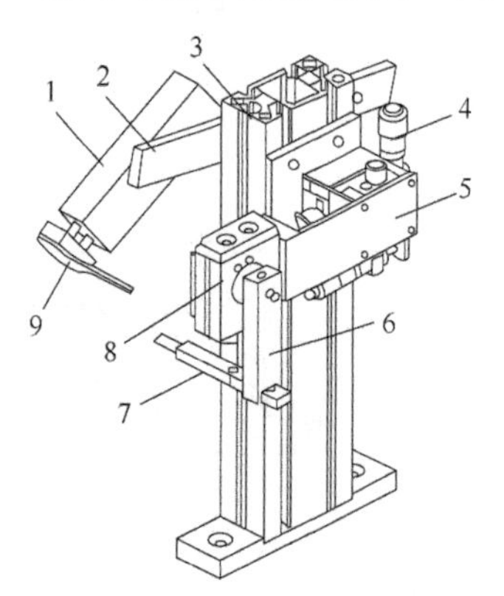

1——压苗气缸；2——连接板Ⅰ；3——支架；4——*XY* 调节机构；5——连接板Ⅱ；6——悬臂；7——切刀；8——旋转气缸；9——压苗片。

图 2-22　砧木切削装置结构

切刀旋臂半径和切刀转速直接影响砧木和接穗的切削质量，旋臂半径越大，切刀轨迹越接近于直线，切面质量越高。但切刀旋臂半径过大将导致结构庞大，影响嫁接效率；

反之，切刀旋臂半径过小，切刀轨迹呈弧线，切面过小，不利于切面贴合。在切刀旋转速度 ω 一定的情况下，切刀旋臂半径越大，切削线速度越快，切削效果越好，需试验确定最佳的切削转速。根据秧苗切削角度要求，以及搬运装置与切削装置的结构尺寸和位置关系，砧木和接穗的切刀旋臂半径确定为68mm。

为适应不同尺寸的秧苗切削，通过 *XY* 调节机构实现切刀在高度和水平方向上的位置调节，调节范围为 ±5mm，调节精度为0.02mm，确保秧苗的切削长度和深度调节及切削角度，提高机器对秧苗的适应性。

切削装置的旋转电动机选用 TPC NRS12-180-T 型旋转气缸，压苗气缸和顶苗气缸选用 SMC CXSM6-50 和 CDUK6-30D 型气缸。砧木、接穗切削过程如图 2-23 所示。

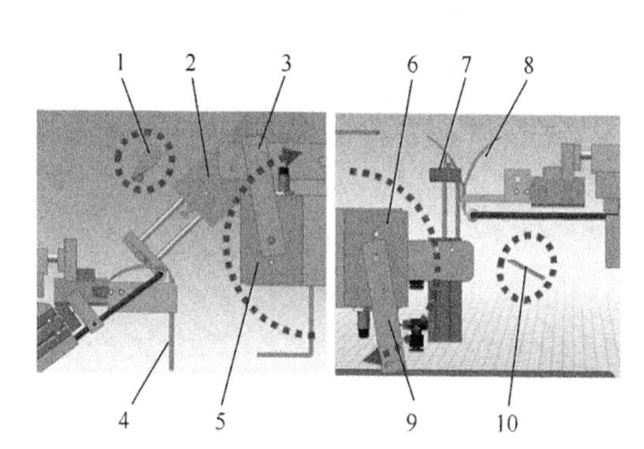

1——残叶；2——压苗气缸；3——砧木切刀；4——砧木苗；5、6——旋转气缸；7——顶苗气缸；8——接穗苗；9——接穗切刀；10——残茎。

图 2-23 砧木、接穗切削过程

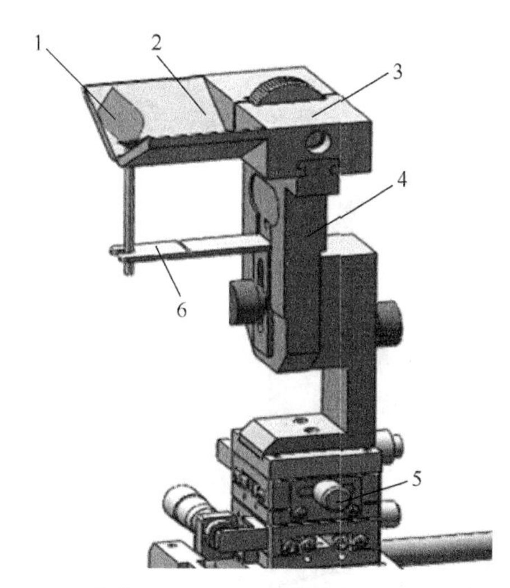

1——秧苗；2、3——上苗托；4——*Z* 向调整块；5——*XY* 调节机构；6——茎托。

图 2-24 砧木上苗装置结构

3. 上苗装置

上苗装置是放置秧苗的工位，具有秧苗定位功能，包括砧木和接穗上苗装置，分别设置在机架的两侧。砧木上苗装置结构如图 2-24 所示。

工作原理：将秧苗子叶和茎部手工放入上苗托的苗口和茎托，并将茎向下拽，使茎节卡在上苗托苗口处。通过调整上苗托苗口的大小来适应不同直径的秧苗；通过调节 *Z* 向调整块的上下高度确定夹持手对秧苗的夹持位置，避免秧苗夹持过高或过低，影响切削效果，夹持手与上苗托底部距离为1～2mm。通过调整XY调节机构，实现秧苗在水平方向的位置精确调节，进而确保接穗与砧木切削面的对接精度，避免切削面挤压或分离。

4. 送夹装置

贴接法嫁接需使用嫁接夹对秧苗的切削面对接处进行夹持固定。嫁接夹结构如图 2-25 所示。嫁接夹的结构包括夹体和弹簧圈，通过弹簧圈的弹力来控制夹口开闭。要求在夹持嫁接苗时，苗茎位于弹簧圈的外圆上，以保证夹持的稳定性。

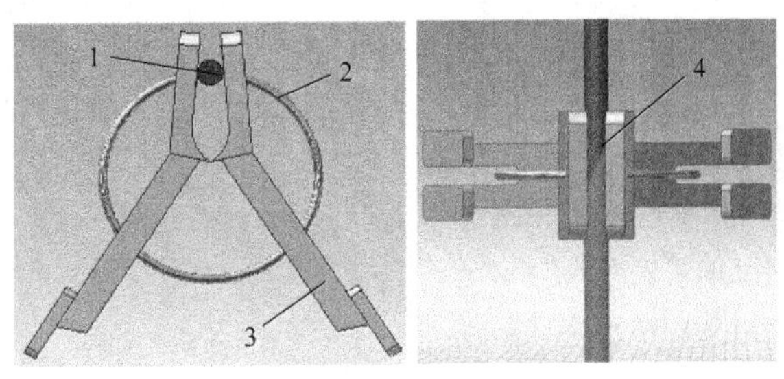

1——嫁接苗；2——弹簧圈；3——夹体；4——夹持位置。

图 2-25 嫁接夹结构

送夹装置包括振动盘和送夹器，如图 2-26 所示。送夹器包括排夹滑道、推夹气缸、推杆、导杆、调节杆、上夹气缸、夹子手爪和送夹滑道，

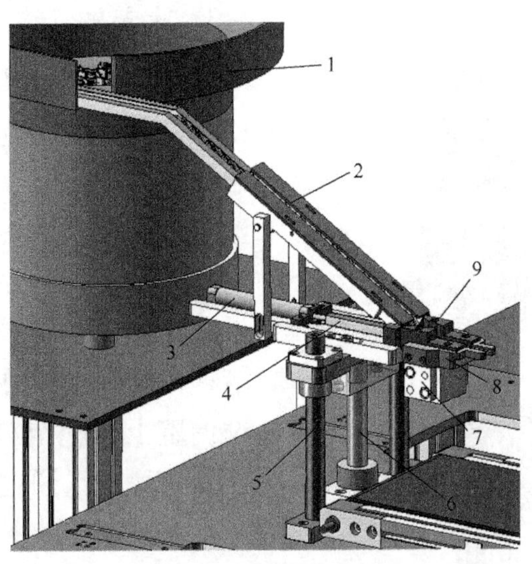

1——振动盘；2——排夹滑道；3——推夹气缸；4——推杆；5——导杆；
6——调节杆；7——上夹气缸；8——夹子手爪；9——送夹滑道。

图 2-26 送夹装置结构

通过在振动盘内部设置相应的调向滑道，并以一定频率振动，实现嫁接夹朝向一致且自动排序，最终使嫁接夹均以夹口向前依次排出进入排夹滑道。

工作原理：首先，通过振动盘的振动输送调整嫁接夹的方向，并依次进入排夹滑道，此时嫁接夹处于闭合状态；然后，当接穗和砧木搬运至对接工位时，推夹气缸带动推杆伸出，将位于送夹滑道内的夹子推入夹子手爪内，克服弹簧力，使嫁接夹处于张开状态；最后，上夹气缸带动夹子手爪张开，嫁接夹夹持住接穗和砧木的对接处，完成夹持动作。通过旋转调节杆使送夹器沿着导杆方向上下调整，实现嫁接夹排夹高度的精确调整，确保接穗和砧木对接处的夹持精度。

2.5.3 试验和分析

为确定该机的嫁接性能参数，上苗工序为人工操作，切削、对接和上夹工序均为机器自动作业。

1. 试验材料

试验砧木选用黑籽南瓜、韩砧 1 号、茄砧 1 号，果砧 1 号，接穗选用津研 4 号、京欣 1 号、佳粉 18 号、丰研 2 号，播种后培育至嫁接期，试验材料基本参数如表 2-3 所示。

表 2-3 试验材料基本参数

材料/品种		下胚轴直径/mm	胚轴长/mm	子叶展角/（°）	供苗数/株
砧木苗	黑籽南瓜	3.3（0.1）*	75（1.0）	90～150（5）	100
	韩砧 1 号	3.2（0.1）	76（1.0）	110～160（5）	100
	茄砧 1 号	3.0（0.1）	83（1.0）	—	100
	果砧 1 号	3.0（0.1）	82（1.0）	—	100
接穗苗	津研 4 号	2.2（0.1）	52（1.0）	—	100
	京欣 1 号	2.3（0.1）	50（1.0）	—	100
	佳粉 18 号	3.0（0.1）	80（1.0）	—	100
	丰研 2 号	3.0（0.1）	82（1.0）	—	100

* 均值（标准差）。

由表 2-3 可知，瓜类作物的砧木直径在 3.2mm 左右，接穗直径在 2.2mm 左右，相对较细；茄类作物的砧木和接穗直径相差不大，均在 3.0mm 左右。从贴接法作业难易程度来看，茄类作物相比瓜类作物更容易贴合对接。

2. 嫁接速度试验

为减少操作人员个人经验差异对嫁接速度的影响，选用两名上机操作熟练的人员完成 4 组不同作物的嫁接作业，与人工嫁接进行对比试验。每组试验连续作业 100 株，并记录相应作业的消耗时间，测得嫁接机的嫁接速度试验结果如表 2-4 所示。该机平均嫁接速度为 884 株/h，人工嫁接速度为 145 株/h，嫁接速度是人工作业的 6～7 倍。因此，嫁接机完全可以取代人工嫁接作业，用于工厂化嫁接育苗生产。瓜类作物相比茄类作物嫁接速度稍慢，主要原因是上苗作业工序不同，瓜类作物需调整子叶方向，确保切削位置；而茄类作物上苗方向无须处理。

表 2-4 嫁接机的嫁接速度试验结果

试验组号		记录参数		
		嫁接总数/株	总耗时/s	嫁接速度/（株/h）
机器嫁接	1	100	408	882
	2	100	409	880
	3	100	405	888
	4	100	406	886
平均值		100	407	884
人工嫁接		100	2482	145

3. 切削性能试验

根据贴接法嫁接的切削与对接作业要求，切削面倾角 20°～30° 可保证砧木与接穗的接触面积，易于伤口愈合。每组试验切削样本 50 株，通过调压阀获得不同切削速度对秧苗切削成功率（正常切削苗占总嫁接苗的比例）的影响结果，如表 2-5 所示。

表 2-5 不同切削速度对秧苗切削成功率的影响

切削转速 ω/（r/min）	切削速度 v/（m/s）	切削成功率/%			
		黑籽南瓜	茄砧 1 号	津研 4 号	佳粉 18 号
90（4）	0.11	84	82	78	80
120（5）	0.14	98	98	98	98
150（6）	0.16	98	98	98	98
170（7）	0.18	98	98	98	98

注：括号内数据为输入压力 P，单位为 kgf / cm（1kgf＝9.8N）。

由于瓜、茄类作物的茎秆纤细柔弱，刚性较差，若切削速度过低，切刀与苗碰撞后易发生弯曲，导致切削不完全，影响切削质量。为确保切削质量，在砧木夹的上部设置推杆，接穗夹的下部设置顶杆，在切刀切削砧木和接穗时起到辅助支撑苗茎的作用。由表 2-5 可知，当切削转速 $\omega \geqslant 120$r/min、输入空气压力 $P \geqslant 5$kgf/cm 时，砧木和接穗苗的切削成功率均可达 98%。考虑到气缸额定工作压力为 5kgf/cm，因此切削转速选用 120r/min，切削速度为 0.14m/s，可获得最佳的切削成功率。砧木、接穗切削试验效果如图 2-27 所示。切削速度小于 0.14m/s 时，切削成功率为 80%左右，主要表现为切削面的平整度较差和切削不完全。

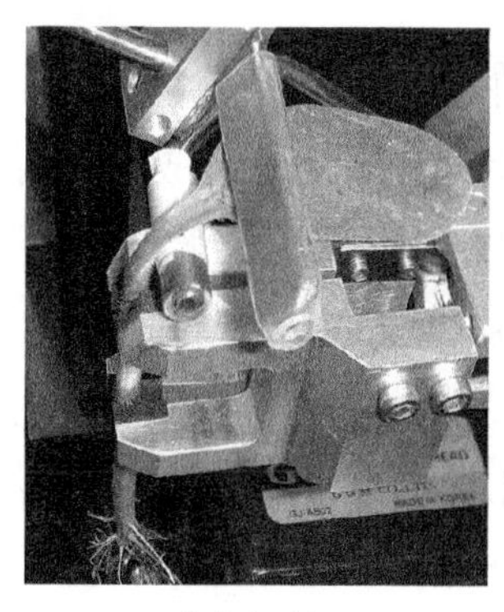

（a）砧木切削

（b）接穗切削

图 2-27 砧木、接穗切削试验效果

4. 成功率与成活率试验

根据上述嫁接速度试验结果，统计每组试验嫁接成功的株数，并对成功的嫁接苗进行高湿度愈合培育，统计愈合成活株数，记录嫁接失败原因。嫁接机的嫁接成功率和成活率如表 2-6 所示。

表 2-6 嫁接机的嫁接成功率和成活率

试验组号		嫁接数/株	成功率/%	成活率/%	嫁接失败原因			
					切削不合格数/株	过度切削数/株	对接失败数/株	上夹失败数/株
机器嫁接	1	100	95	95.7	1	2	1	1
	2	100	94	96.8	1	3	2	0
	3	100	97	96.9	2	1	0	0
	4	100	97	97.9	2	1	0	0
	合计	400	95.7	96.8	6	7	3	1
人工嫁接		100	96	97.9	0	4	0	0

机器嫁接失败主要是秧苗过度切削和切削不合格，原因为瓜类砧木子叶展角过小和接穗茎部弯曲过度；同时，在对接和上夹的机械结构调整中也存在问题。人工嫁接失败的主要原因是操作人员连续作业后精力消耗造成秧苗过度切削。使用机器进行茄类作物嫁接的成功率略高于瓜类作物，分别为 97%和 94.5%。其原因为茄类的砧木和接穗直径差异不大，切面一致好，对接贴合效果好；而瓜类的接穗比砧木直径小 1mm 左右，上夹时易出现贴合面偏移情况。

由表 2-6 可知，进行 4 组试验的嫁接成功率均值为 95.7%，成活率均值为 96.8%，其成功率与人工嫁接 96%相当，成活率略低（1.1%），可见，该机嫁接性能显著。试验发现，当瓜类作物砧木子叶展开角 $\alpha \geq 90°$ 时，通过砧木夹上的推杆和压苗片联合辅助切削作业，砧木的一片子叶和生产点可完全切除，形成最佳切面；当接穗下胚轴直径 $d \leq 2.2$mm，加之茎部弯曲过大时，易出现茎部过度切削。建议操作者上苗前用手指顺直接穗苗茎，即可避免此类问题。另外，当机器长时间连续运转作业，刀刃上沾满汁液时，也会影响切削效果，建议定期清理或更换刀片。

2.5.4 结论

本节结论如下：

1）搬运装置采用水平对称式结构，设计为双夹持手的旋转臂，经

计算，旋转臂长度为340mm，两个搬运装置的中心距为394mm，作业精度满足嫁接要求，实现了当第1组夹持手进行对接作业时，第2组夹持手可进行上苗作业。

2）切削装置采用旋切方式切削秧苗，切刀旋臂半径为68mm，切刀转速为120r/min时，秧苗切削成功率为98%，切削角度为20°～30°，满足贴接法嫁接要求，提高了切面贴合度和愈合成活率。

3）上苗装置采用上苗托和茎托定位，实现夹持手对秧苗夹持位置的精确定位；嫁接夹采用振动方式排序，实现自动送夹作业。

4）该机的平均嫁接速度为884株/h，嫁接成功率为95.7%，成活率为96.8%，与人工嫁接效果相差不大，但嫁接速度是人工的6～7倍，适合工厂化的嫁接育苗生产。

2.6 育苗长势无损光谱检测技术

近年来，设施农业在我国得到快速发展，设施栽培技术为高品质蔬菜生产和农民增收提供了新的发展模式（沙国栋，2005）。大规模的设施农业蔬菜基地，在生产过程中对配套的育苗技术装备提出了更专业的要求，促进了穴盘育苗技术的发展。这些系统化成套技术的整体进步，从根本上改变了蔬菜传统生产方式和种植制度的不足，从而衍生出规模化、商品化的基质穴盘育苗新形势（梁权，2005）。这种新的育苗方式逐步替代了传统的农田土床育苗法。相比较传统的方法需要占用一块生产农田，采用上一茬生产污染过的土壤进行混拌处理后建立小土床育苗存在诸多不足，新的育苗方法集中生产，更加高效环保。同时，新的方法为进一步控制秧苗的品质提供了很多便利条件。

秧苗的品质受到很多条件的制约。传统的育苗生产采用有土育苗方法，土壤被污染的程度和消毒处理的水平成为制约育苗品质的主要问题。在新的蔬菜穴盘育苗过程中，土壤的问题得到解决之后，种子的品质及管理水平成为一个关键问题。实际上，由于秧苗受到种子遗传因素和环境因子影响，在不同管理水平下，秧苗的生长受到自身病变、不良生长环境和外来侵害的胁迫，秧苗从生理到组织结构、外部形态上都会发生一系列反常的表现（史万苹等，2007），出现长势品相差，商品率低甚至枯死苗等问题，对农业生产造成巨大损失。及时地发现并获取这些秧苗的生长信息是提高秧苗品质的重要途径。

那么，采用什么手段能更好地获取秧苗变化的细微信息呢？在番茄穴盘育苗中，秧苗在生理、组织结构和外部形态上发生一系列反常的表现是一个缓慢的过程。在该缓慢过程中，如何准确解析秧苗呈现出的不同生长状态的信号是一个关键的技术难点。因此，研究基于穴盘育苗的蔬菜秧苗生长状况检测技术具有重要意义。相比传统的经验法和化学化验法，光学信息检测技术具有检测速度快、分析效率高和不破坏样品、操作简便、可实现在线连续检测等优点（闫栋等，2011）。本研究以番茄为研究对象，采用光学信息检测技术检测番茄穴盘育苗中的秧苗生长状态。

2.6.1　研究现状

国内外研究学者最早研究基于农业光学对作物进行诊断，发现了农作物营养状况与光谱特性关系密切的规律，利用光谱技术获得的光谱数据能够准确地反映农作物本身的光谱特征及作物之间的光谱差异，可以更加精准地获取一些作物的生物化学信息，如作物含水量、叶绿素含量、叶面积指数、植株的氮磷钾含量等，而这些参数和作物的营养状况、产量密切相关（郑昭佩等，2003）。土壤肥水供应的量和浓度都对蔬菜有很大的影响。Leone 等研究了作物对土壤含盐量的光谱响应，研究给土壤灌溉高含盐量水、中度含盐量水和无盐水对土壤、茄子特征和光谱响应的影响（刘占锋等，2006），研究结果显示土壤含盐量对植被指数和含水量具有显著影响。Jaouhra Cherif 采用叶绿素荧光光谱来监测番茄苗在锌胁迫下的生理状态。Muhammad Ali ASHRAF 等采用机器视觉结合背光 Led 进行全自动嫁接机器人番茄接穗苗的分级和排序研究；浙江大学采用机器视觉技术，通过叶面积评价幼苗质量（张国栋等，2020；杨扬，2013）。

2.6.2 检测技术

1. 基于植被叶片光谱的营养状况检测

植物缺乏营养元素不仅会严重影响其生长速度和产量，而且还能引起叶片的颜色、形态、结构等缺素症状。植物叶片的光谱特性一方面与叶片厚度、叶片表面特性、水分含量和叶绿素等色素含量等自身特性有关，另一方面也与植物营养元素状况密切相关，在所有营养元素中，氮素对作物生长发育和产量的影响最大，施用量也最大（刘明乐等，2008；郑昭佩等，2003）。

2. 基于植被红边特性的营养状况检测

植物叶片的光谱特征是反映植物生长状态的重要信息，与叶片的厚度、颜色、形态、水分和叶绿素等有关。各种环境胁迫如缺氮、干旱、病虫害等都会使植物叶片的光谱特征发生变化。基于光谱信息的作物生长信息无损监测技术是现阶段作物生长信息精确诊断和动态调控所迫切需要的关键技术（王玉雪等，2006）。

红边是由于植被叶绿素在红光波段强烈地吸收与在近红外波段多次散射而形成强反射造成的，其波长一般为 670～780nm。红边区域包含丰富的植被生长状态信息，与植被生理生化参数密切相关。红边左侧的反射率主要与叶绿素含量有关，红边右侧的反射率主要取决于叶内组织结构和植物体内含水量的影响。1983 年，人们通过试验研究发现红边区间可以作为植物生长状况的指示区。

2.6.3 检测系统设计

检测系统主要由光源单元、数据采集单元和数据处理单元组成。光源单元包括氙灯光源（HPX-2000，美国）、光纤、光纤衰减器、光纤支架和暗箱，数据采集单元为光谱仪（QE65Pro，美国），数据处理单元为计算机。光源带有稳压电源和散热器件，其波长为 185～2200nm；光谱仪探测的波长为 200～1100nm，光谱分辨率为 0.14～7.7nm。暗箱的作用是隔离外界光线的干扰。检测系统结构原理如图 2-28 所示。

2.6.4 结果和分析

本试验将测试对象分为 5 组，其中施氮量（g/m^3）分别为 0、300、500、800、1000，施磷量（P_2O_5）和施钾量（K_2O）都是 $1000g/m^3$。在播种后的第 4 周～第 6 周采集种苗的可见/近红外光谱。

1. 光谱特征检测

系统预热 15min，使光源和光谱仪处于稳定的工作状态；采集标准参考白板的光谱信息，切断光路，采集暗环境的光谱信息；连通光路，采集反射光谱信息，光谱仪进行白参考校准和黑参考校准。光谱采集的积分时间设置为 8ms，平均次数设置为 15 次，平滑度设置为 1，光谱数据保存后待处理。在不同时间采集的秧苗子叶反射光谱曲线如图 2-29～图 2-31 所示，采集的波长为 380～970nm。反射率计算公式如下：

$$R_\lambda=\frac{S_\lambda-B_\lambda}{W_\lambda-B_\lambda}\times 100\%$$

式中，R_λ 为标段 λ 处的反射率；S_λ 为样品在标段 λ 处的反射光强度；B_λ 为暗环境在标段 λ 处的反射光强度；W_λ 为参考白板在标段 λ 处的反射光强度。

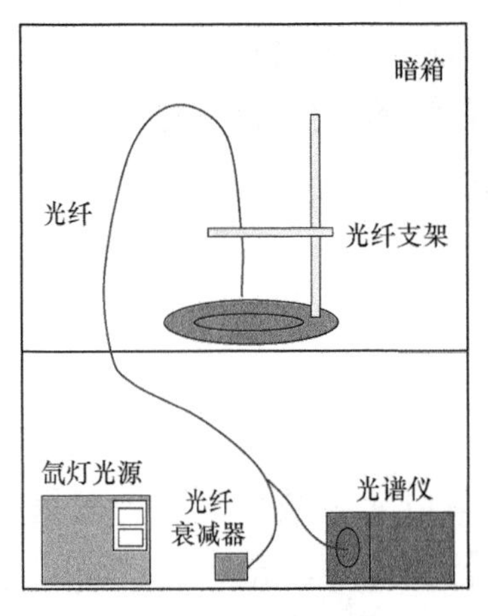

图 2-28 检测系统结构原理

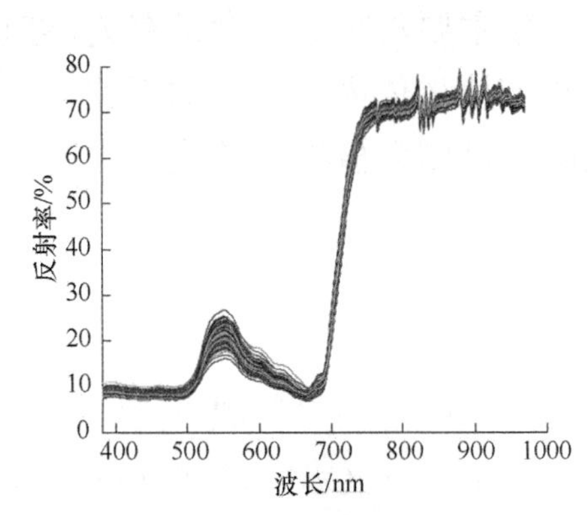

图 2-29 播种后第 4 周秧苗子叶反射光谱曲线

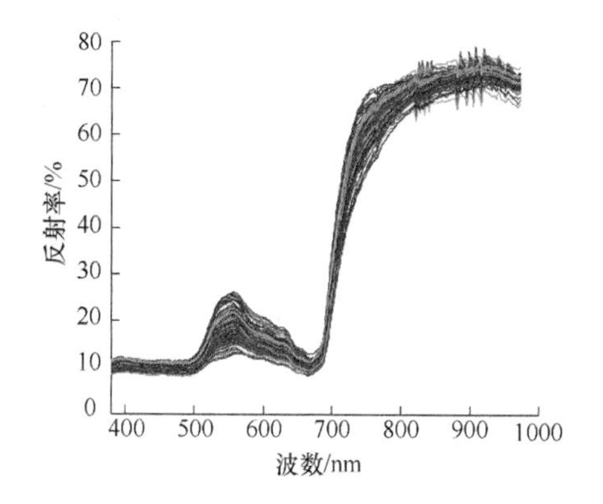

图 2-30 播种后第 5 周秧苗子叶反射光谱曲线

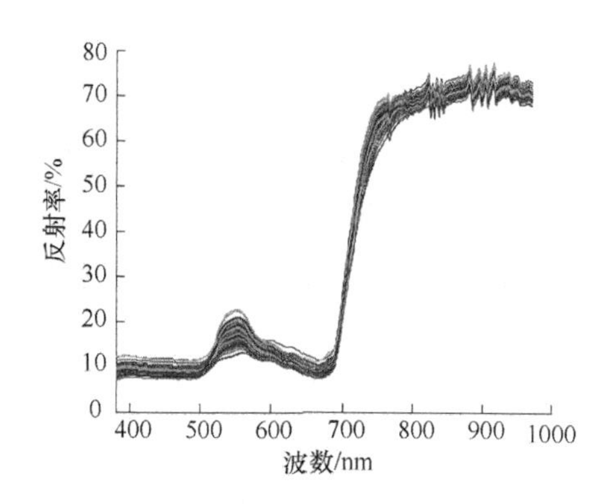

图 2-31 播种后第 6 周秧苗子叶反射光谱曲线

2. 红边特征检测

对于光谱特征的海量数据而言，光谱数据预处理及建模分析能有效提高系统的在线检测速度。经计算后提取红边特征参数，红边振幅为红边位置对应的一阶导数值。计算得出试验中第 4 周～第 6 周的秧苗子叶红边振幅曲线如图 2-32～图 2-34 所示。

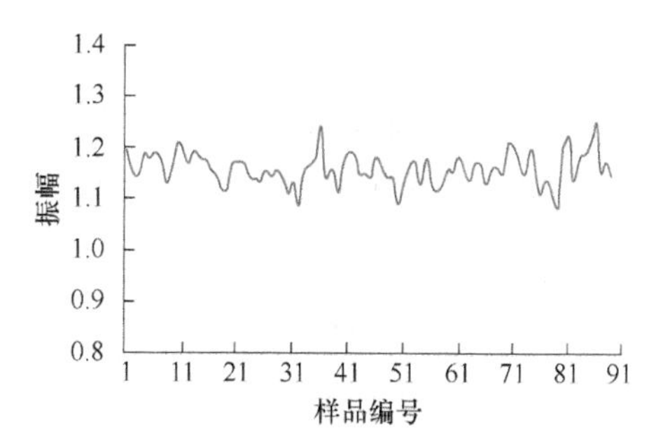

图 2-32 第四周秧苗子叶红边振幅曲线

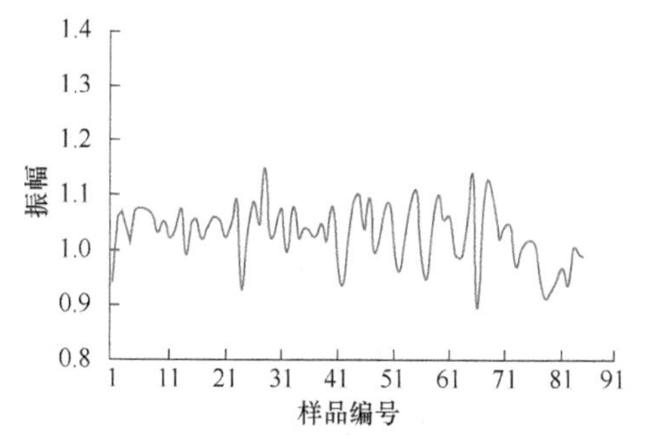

图 2-33 第五周秧苗子叶红边振幅曲线

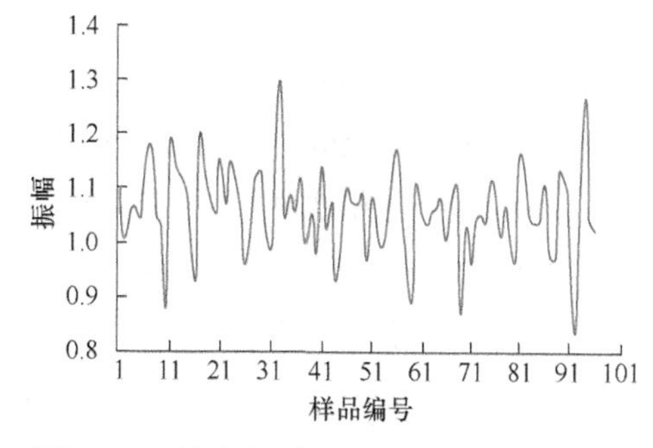

图 2-34 第六周秧苗子叶红边振幅曲线

从研究结果可得，在本研究中设置的 5 个施肥梯度中，施氮量为 800g/m^3，施磷量为 1000g/m^3，施钾量为 1000g/m^3，番茄穴盘苗长势最优；在本研究设置的 5 个施肥梯度中，施氮量为 1000g/m^3，施磷量为 1000g/m^3，施钾量为 1000g/m^3，番茄穴盘苗长势最差；施肥量多抑制番茄穴盘苗的生长。随着氮肥施肥量的增加，番茄苗叶片红边斜率不断减小。

2.6.5 结论

本节基于可见/近红外光谱检测技术快速处理秧苗检测中的多元非线性检测问题，提出了一种番茄穴盘苗内部营养状况有效的检测方法。研究结果表明，利用番茄秧苗叶片的红边特性判别番茄穴盘苗氮养分的盈亏状态是准确的，在生产中具有可行性。检测研究结果表明，随着氮肥的增加，番茄苗叶片的红边斜率不断减小。

2.7 育苗复杂环境农业机器人

育苗大多在专业的育苗室内完成，育苗室内分布着大量的苗床、穴盘、基质等生产物资以及搬运车等生产装备，同时有很多操作人员来回走动作业，这些可移动物资和人员空间位置变化更新速度较快，相比较普通种植温室，育苗环境属于农业生产复杂环境。同时，育苗属于劳动密集型产业，在生产旺季经常受到劳动力短缺的困扰，育苗复杂环境农业机器人是解决这一问题的有效途径。育苗复杂环境农业机器人在这样的复杂环境下，如果要实现移动作业，还要精准地控制施肥和喷药等动作，这些都为育苗复杂环境农业机器人的发展提出了较高的要求（Karoonboonyanan，et al.，2007）。

驱动控制方法的研究成为移动机器人的一个关键难题。如何通过合理的硬件搭建和恰当的电路搭配，实现驱动控制稳定并抵御田间作业时的干扰，是该领域的一个重点研究方向（Mollazade，et al.，2010；Topakci，et al.，2008）。本节重点探讨复杂环境下农业机器人的驱动控制方法，按照优化后的方法设计并搭建对应的电路，为该领域的研究提供指导。

2.7.1 设计和方法

1. 硬件系统搭建

育苗复杂环境农业机器人硬件系统采用嵌入式结构，采用 Gene8310 微型主板作为硬件平台，运行 Windows 操作系统。图 2-35 是育苗复杂环境农业机器人硬件系统结构。育苗复杂环境农业机器人在农田环境下的无线通信系统是基于 Q2501B 的 GPRS 通信模块；动作的驱动控制基于 PIC16F877A 的 7 自由度伺服电动机；行走的驱动控制基于 DSP（digital signal processing，数字信号处理）的双行走轮差动控制驱动方式，其中行走驱动系统采用的是基于 TMS320LF2407A 的 DSP 无刷电动机驱动系统。TMS320F2407A 是 TI 公司推出的针对电动机驱动的数字信号处理器。图 2-36 是驱动控制芯片系统结构。

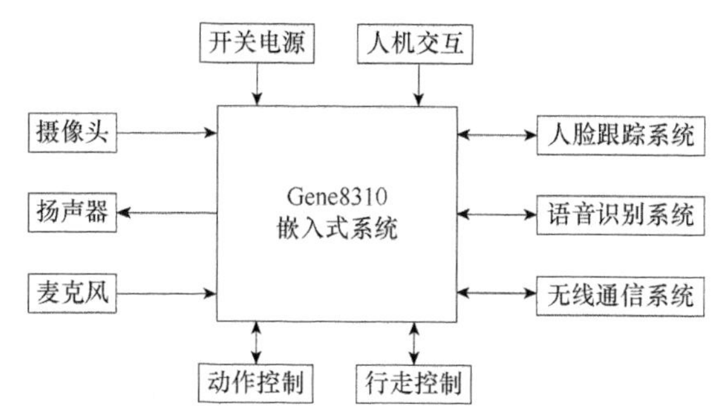

图 2-35　育苗复杂环境农业机器人硬件系统结构

2. 控制原理

嵌入式程序是基于 Visual C+Access 数据库的程序系统，程序主要实现驱动控制、语音识别、人脸识别、通信控制等功能。同时，嵌入式程序还提供了一个人机交互的环境。

育苗复杂环境农业机器人行走驱动系统设计采用数字转速、电流双闭环控制结构（谌松，2017）。其选用面向电动机控制的高速数字信号处理器，速度控制器的设计、电流控制器的实现，以及各种反馈信号的处理和 PWM 控制信号的产生均采用了数字信号处理技术，用软件实现永磁方波无刷直流电动机的实时控制。与传统的控制方式相比，数字控制系统不仅大大降低了硬件电路的复杂程度，而且获得了更高的性价比。育苗复杂环境农业机器人控制原理如图 2-37 所示。

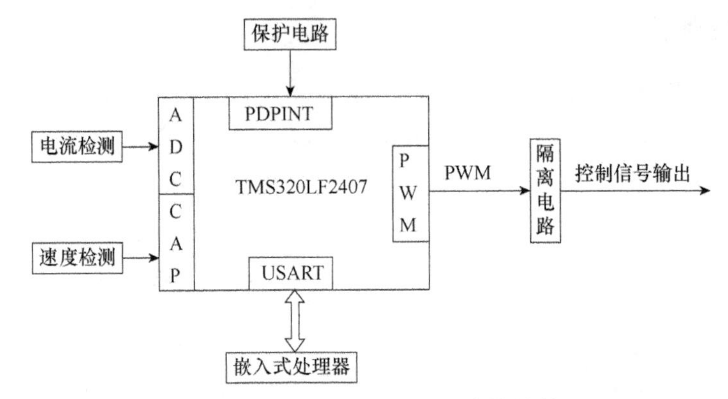

图 2-36 驱动控制芯片系统结构

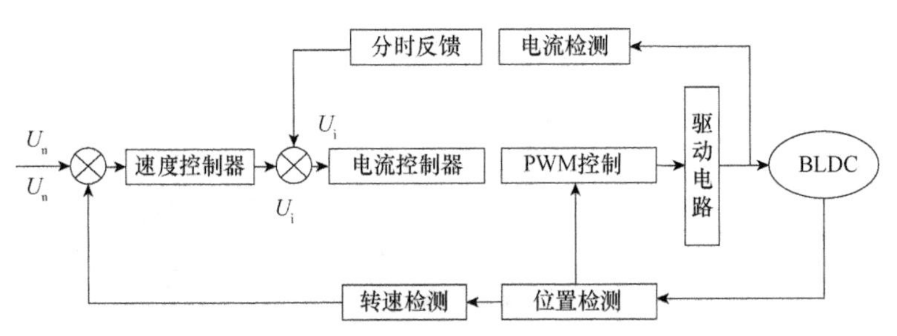

图 2-37 育苗复杂环境农业机器人控制原理

该系统的工作原理如下：首先将速度给定与速度反馈进行比较，得到的速度差值经速度控制器转化后，输出相应的相电流的给定值，与相应的相电流的反馈值进行比较之后，电流差值经电流控制器变换成对应 PWM 波的脉冲宽度；然后综合转子位置信号后产生所需的 PWM 控制信号，经隔离驱动之后，驱动逆变电路中相应的开关器件工作。其中，通过对电流检测的分时反馈处理，使相反电势和相电流的相位始终保持一致；通过对霍尔集成位置传感器输出的交变信号的软件计算，得到速度反馈值。

该系统采用两两导通三相六拍运行方式，两两导通方式最好地利用了准方波气隙磁密平顶的部分，绕组利用率高，使电动机出力最大，平稳性最好，是使永磁方波无刷直流电动机获得最佳性能和发挥最大潜力的理想导通方式。同时，双极性PWM调制方式控制简单，无控制死区，能获得高质量的输出波形，可以显著提高电动机的运行性能。因此，本系统采用两者结合的PWM开关方案，即上桥双极性调制、下桥恒通的两两导通方式。

3. 驱动控制算法

行走驱动控制系统采用的是双行走轮差动控制的驱动方式，育苗复杂环境农业机器人作业在农田道路中，假定农业机器人的行走轮和农田地面之间旋转不打滑，得到运动学模型公式：

$$\begin{cases} \dot{x} = v\sin\theta(t) \\ \dot{y} = v\cos\theta(t) \\ \dot{\theta} = \omega \end{cases} \tag{2-7}$$

式中，x，y为农业机器人中心o点的参考坐标；θ为农业机器人中心o点的运动方向角；v为农业机器人中心o点的速度；ω为农业机器人差动转向的角速度。

根据图2-38所示的育苗复杂环境农业机器人行走驱动模型，结合农业机器人的结构特点，把农业机器人的运动简化为与地面接触的两点运动，两点的位置决定了农业机器人的位置，两点的运动状态决定了育苗复杂环境农业机器人的运动状态。图2-38中，xoy为育苗复杂环境农业机器人相对坐标系，o为速度瞬心。将前进的方向作为正方向，把后退的方向作为负方向，设在某一时刻左、右行走轮的速度为v_l、v_r，左、右行走轮的角速度为ω_l、ω_r，在很短的时间间隔Δt内，农业机器人的方向和线速度可以近似认为不改变，两个行走轮与地面接触点之间的距离（农业机器人两个行走轮的跨距）为1。

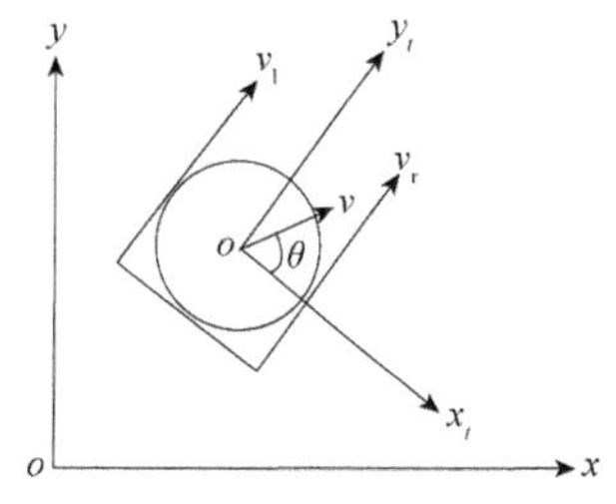

$x\,o\,y$坐标系为绝对坐标系，$x_t o y_t$坐标系为相对运动坐标系。v_l为机器人左侧轮前进速度，v_r为机器人左侧轮前进速度，v为机器人前进速度，θ为相对坐标系中的方向角。

图2-38　育苗复杂环境农业机器人行走驱动模型

在驱动控制过程中，主控制系统把规划好的路径转变成随时间变化的两个独立驱动轮的角速度的控制，通过驱动器和电动机，分别驱动两个驱动轮，两个驱动轮的角速度都要根据规划路径的变化而变化。当收到指令让育苗复杂环境农业机器人去指定地点时，育苗复杂环境农业机器人携带设备根据事先规划好的路径自主到达指定的目的地。

2.7.2 实例测试分析

1. 硬件测试

由硬件测试结果可知，TMS320F2407A 16 位数字信号处理器用作数字电动机控制有很好的稳定性。该芯片具有高性能 CPU（central processing unit，中央处理器）内核和改进的哈佛总线结构，具有 20MIPS 的处理能力，非常适合育苗复杂环境农业机器人使用，大多数指令在单周期即可执行完。考虑到育苗复杂环境农业机器人施肥、喷药、播种等多种功能，芯片的片内外部设备，包括一个事件管理器、两路 10 位 8 通道 A/D 转换器、同步通信接口、异步通信接口等，可以满足田间应用。

2. 驱动控制测试

1）位置和速度检测。位置信号采用转子位置传感器获取。转子位置传感器是霍尔集成位置传感器，接口简便，将位置传感器的输出端经光耦隔离后，再与 TMS320LF2407A 的 3 个 CAP 单元相接。速度检测通过对位置传感器输出的交变信号进行软件计算而间接获得。位置和速度检测测试结果稳定。

2）电流检测。采用处于逆变器低电压与地之间的采样电阻进行电流检测，得到一个正比于电流的电压信号，将电压信号输出端隔离后接至 TMS320LF2407A 自带 A/D 转换模块，经测试电流波动较小。

3）存储器扩展。TMS320LF2407A 具有大量的片内存储器和丰富的片内外部设备，充分利用 TMS320LF2407A 本身的内部硬件资源，不仅有利于简化系统设计，而且有利于提高系统的性能，降低系统成本。

4）保护电路。育苗复杂环境农业机器人控制系统采用 3.3V 供电的 DSP 处理器，驱动系统采用 24V 无刷直流电动机。为了避免电动机运转期间对 DSP 处理器产生干扰，设计采用了电源模块 24S5 两套电源隔开，同时信号传输采用光电耦合器件将 PWM 信号、位置/速度反馈、电流反馈耦合起来。经过测试，采用了两种光电耦合器，一个是用于PWM信号传输、位置/速度反馈的高速光电耦合器件6N137，另一个是用于电流反馈的线性光电耦合器件HCNR200。

3. 驱动系统实现

育苗复杂环境农业机器人行走驱动系统选用的是无刷直流电动机，驱动电路采用的是MOS-FET全桥驱动电路。驱动系统主要包括电源技术、全桥驱动、保护电路、反馈电路，其具体实现如下。

图2-39为育苗复杂环境农业机器人电源硬件电路。其采用了高稳定低纹波电源模块COSEL24S5，实现驱动部分和控制部分24V/5V的电源隔离。

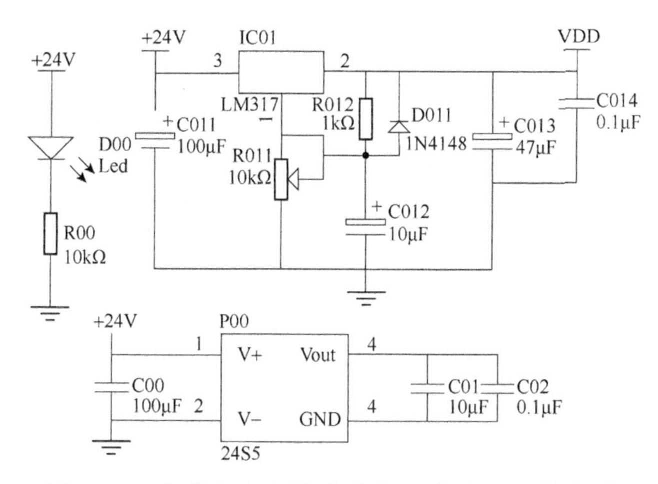

图2-39 育苗复杂环境农业机器人电源硬件电路

图2-40为育苗复杂环境农业机器人驱动器的全桥驱动硬件电路。系统采用6个MOSFET组成了无刷直流电动机全桥驱动电路，相应的*RC*电路和稳压管组成了桥臂的保护电路。

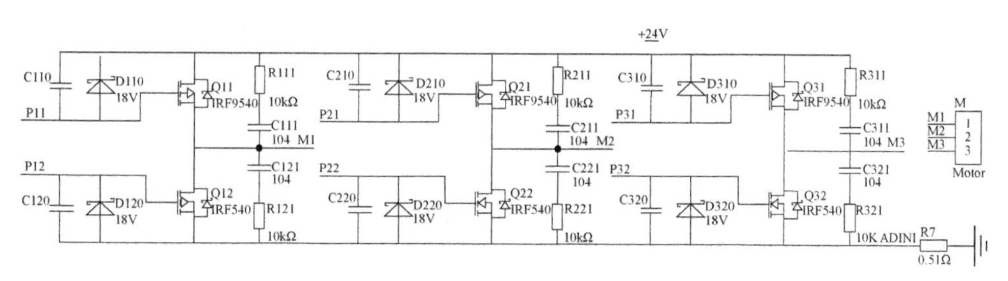

图2-40 育苗复杂环境农业机器人驱动器的全桥驱动硬件电路

图 2-41 为育苗复杂环境农业机器人光电耦合硬件电路。该硬件设计中采用的高速光电耦合器6N137可以满足无刷直流电动机的PWM驱动需要，其最高频率可以达到1MHz。

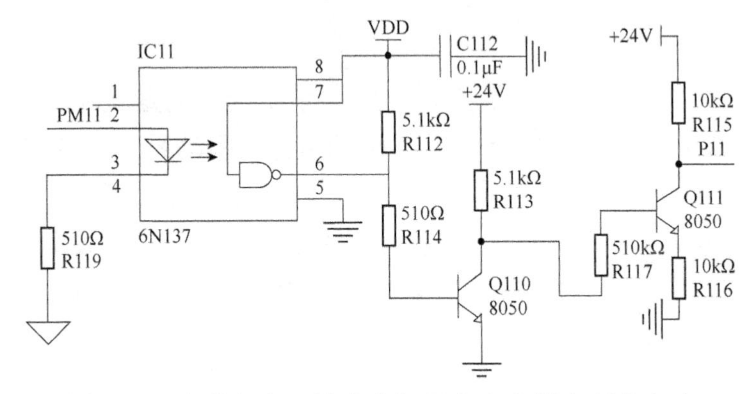

图 2-41　育苗复杂环境农业机器人光电耦合硬件电路

图 2-42 为育苗复杂环境农业机器人门电路保护硬件电路。其目的是避免出现全桥同臂导通现象，用来提高温室生产中机器人的可靠性。

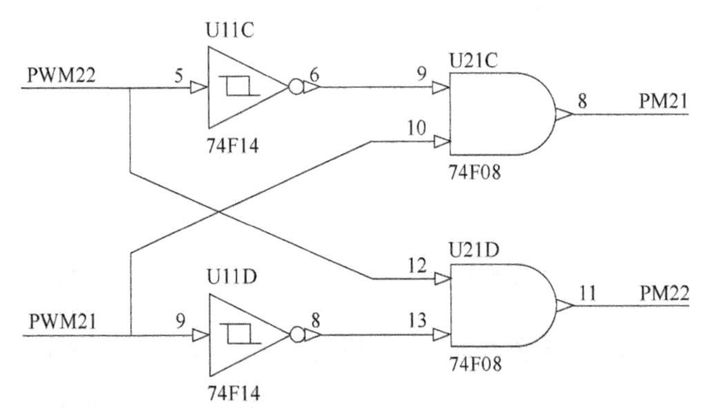

图 2-42　育苗复杂环境农业机器人门电路保护硬件电路

图 2-43 为育苗复杂环境农业机器人线性光电耦合器件组成的电流环反馈电路。该电路采用的线性光电耦合器件为 HCNR200，可以满足全桥电流环电流反馈，供 DSP 控制电动机运算使用。

图 2-44 为育苗复杂环境农业机器人位置/速度采集硬件电路。74F14 和 74F74 组成的计数/触发电路可以实时采集到安装在直流无刷电动机上的霍尔传感器的反馈信号。

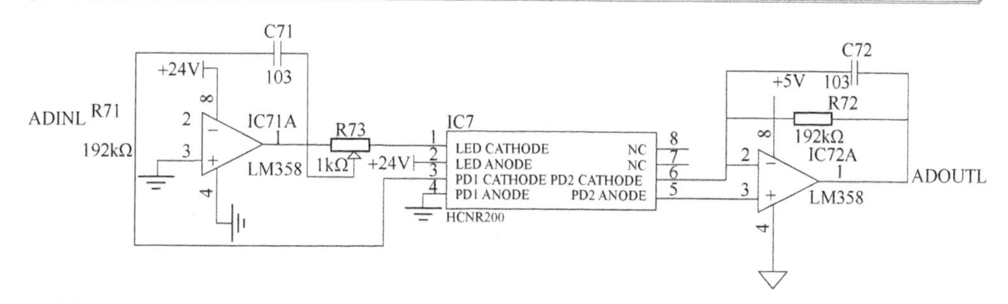

图 2-43 育苗复杂环境农业机器人线性光电耦合器件组成的电流环反馈电路

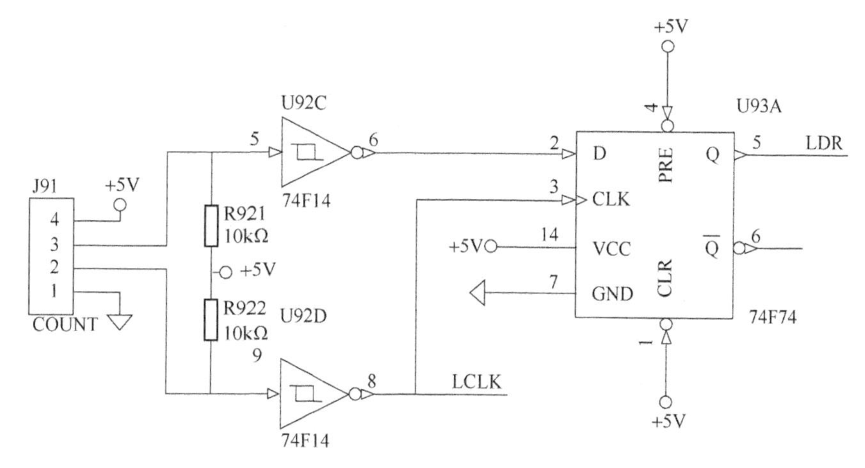

图 2-44 育苗复杂环境农业机器人位置/速度采集硬件电路

图 2-45 为育苗复杂环境农业机器人行走驱动系统全桥驱动电路实物。图 2-46 为基于 DSP 的行走驱动系统控制电路实物。

图 2-45 育苗复杂环境农业机器人行走驱动系统全桥驱动电路实物

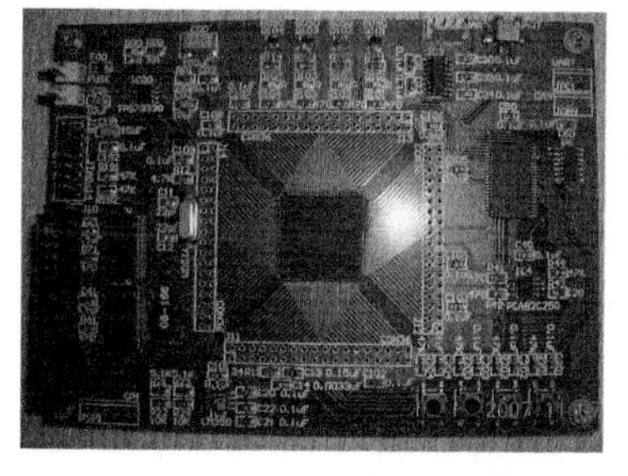

图 2-46 基于 DSP 的行走驱动系统控制电路实物

2.7.3 结论

本节针对农田复杂环境搭建了机器人软硬件平台，研究了育苗复杂环境农业机器人的驱动控制方法。研究结果表明，嵌入式系统 Gene8310 微型主板具有优越的性能，可满足育苗复杂环境农业机器人作业要求；行走驱动系统采用基于 TMS320LF2407A 的 DSP 无刷电动机，可满足田间精准运行的需要。驱动系统设计采用数字转速、电流双闭环控制结构，获得最佳性能。

本章小结

本章围绕温室育苗这个关键作业环节进行介绍，内容主要包括研究现状、压穴设备、同步打孔装备、移栽机械手、切削装备、嫁接机器人、长势无损光谱检测和农业机器人等。

第3章 管理装备

3.1 标准化喷药精准作业装备

标准化喷药精准作业装备（主要是科研用途）需要精准控制喷雾电磁阀的 PWM 占空比，主要目的是要确保流量和占空比两者的线性度很好；针对新型农药测试或植物新病害药效测试使用，作为推广用途的喷药装置要确保适应不同的测试对象（农药类型）。因此，这两个用途的变量喷药台不同于实际生产中使用的普通施药机，其在结构和功能上有一定的特殊性。除了参数控制标准外，喷嘴的使用也需要和国际主流喷嘴一致；具体使用时也需要和待测试农药配合使用，做到研究用途的药械和实际生产结合。

标准化喷药精准作业装备作为一种基础性的科研装备，和待测试农药配合使用，多用于农药药效研究、育种科学和喷头研究等领域。应用时，该装置的参数需要反复调节，而且参数的调节范围较广（即使参数没有实际用途），要求不同参数下均可以稳定工作。

国外标准化喷药精准作业装备研究起步较早。美国的一些标准化喷药的产品设计倾向于喷药柜结构，优点是装置功能强大齐全，缺点是仪器成本高昂。我国的农药及喷药机械推广主管单位在推广农业技术装备时首先会进行性能测试，要求使用到的标准化喷药精准作业装备必须适应不同的测试对象（农药、喷嘴或农机）。在试验中，针对作物喷药试验条件，通过标准方法精准调节实际的喷雾参数，对农药的喷洒后药效开展模拟评价。

3.1.1 设计原理

采用压力泵保持高压管中压力恒定，通过压力阀将喷雾压力控制在很宽的调节范围内。通过变量控制器单独控制 4 个喷头，采用组合式喷头可容易更换不同大小的喷嘴。药剂可以预先储备在农药瓶中，根据需要的量抽取。标准化喷药精准作业装备结构的原理如图 3-1 所示。

3.1.2 机械结构

根据图 3-1，计算并完成下料图，设计好加工工艺图，根据下料图计算需要的材料总长度，并考虑切割的刀缝消耗的材料，尽可能利用好整根材料，主要目的是降低成本。反复比较后采用 20mm×20mm 的方管，壁厚选择 1.2mm，每一根长度为 5.85m。根据计算结果下料，通过焊接方式构建主体。做成后的标准化喷药精准作业装备机械结构如图 3-2 所示。

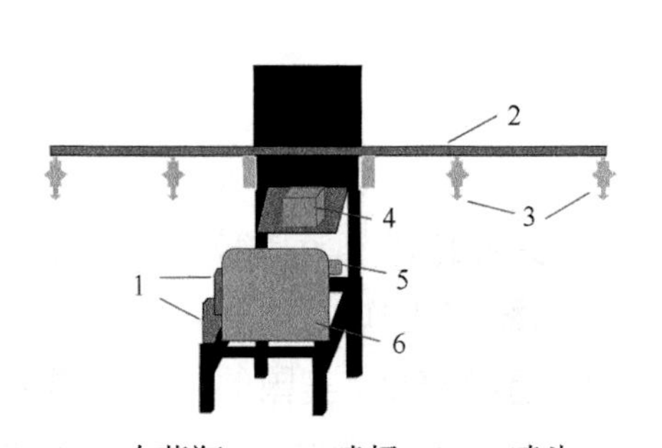

1——农药瓶；2——喷杆；3——喷头；
4——控制器；5——压力泵；6——药箱。

图 3-1　标准化喷药精准作业装备结构的原理

图 3-2　做成后的标准化喷药精准作业装备机械结构

3.1.3 控制系统

标准化喷药精准作业装备控制器采用 PWM，分别控制 4 个电磁阀独

立工作，实现流量的精准调节。系统选择开环控制，无需流量传感器，通过软件对脉宽和流量的相关系统进行校准，在保证控制精度的同时能降低设备成本。标准化喷药精准作业装备控制原理如图 3-3 所示。4 个喷头位置可以分别安装不同类型的喷头，根据需要关闭不用的喷头即可，不用切换喷嘴。对有恒定喷雾压力的研究或推广测试而言，频繁地调节压力会增加试验强度，同时也会导致压力稳定过程时间长、流体波动等问题，控制器快速关闭一路喷头来提高喷雾压力能较好地解决这一问题。

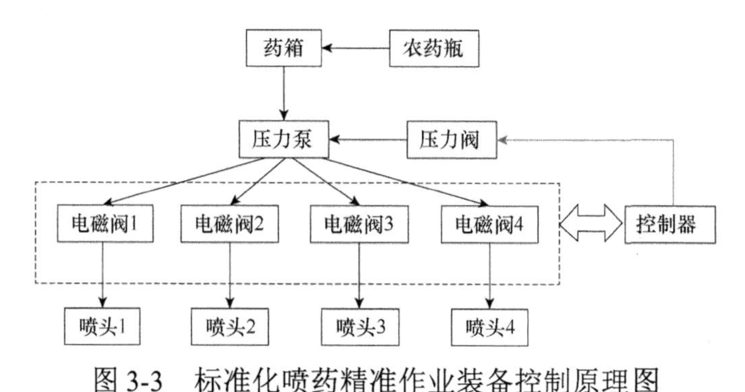

图 3-3　标准化喷药精准作业装备控制原理图

3.1.4　科研或推广用途分析

科研或推广用途主要考虑如何开展不同因子科学试验，该系统可满足的试验参数如表 3-1 所示。当通过控制器关闭其他喷头，只留下一个待测喷头时，每一个电磁阀有 20 组脉宽参数可设定，因此每次可以完成 20 个不同因子的组合试验。如果 4 个喷头轮流测试，不更换喷头，在一个相同的标准化喷雾测试条件下，每次可获得喷头的 80 个测试数据。如果是多种农药，如 3 种（可以根据农药测试要求增加喷头到 3 种以上），则一次可完成 3 种农药的测试。如果需要压力调节细分，可以通过压力控制阀将压力细分到每次变化 5%，这样就会一次产生 400 个测试数据。

表 3-1　可满足的试验参数（仅列出 1 组喷头）

压力调节/%	占空比/%									
	5	10	15	20	25	30	35	40	45	50
25	A1	A2	A3	A4	A5	A6	A7	A8	A9	A10
50	B1	B2	B3	B4	B5	B6	B7	B8	B9	B10

续表

压力调节/%	占空比/%									
	55	60	65	70	75	80	85	90	95	100
75	C1	C2	C3	C4	C5	C6	C7	C8	C9	C10
25	A11	A12	A13	A14	A15	A16	A17	A18	A19	A20
50	B11	B12	B13	B14	B15	B16	B17	B18	B19	B20
75	C11	C12	C13	C14	C15	C16	C17	C18	C19	C20
100	D11	D12	D13	D14	D15	D16	D17	D18	D19	D20

3.1.5 实例分析

1. 配件及耗材

由于针对科研和推广鉴定用途，系统的稳定性是第一位的，选择国际上应用较广泛的喷头品牌（如Teejet）能更好地满足试验需求。当然，考虑到成本，如果国产喷头选型得当，也可获得较好的效果。可以用水敏纸预先对系统及喷嘴等耗材进行校准和检验。

2. 与科研及推广测试环境配套

科研环境多为实验室，设计喷雾回收槽可解决实验室中地面不能积水的问题。直流蠕动泵和雨水回收槽是很好的选择。农机推广鉴定应用多为生产基地或试验站，因为多数喷洒作物，通过作物喷药后的农学特性来分析药剂的效果，因此在操作室或者直接在温室内进行即可，注意不要造成农药的二次污染。测试中的标准化喷药精准作业装备实物如图 3-4 所示。

图 3-4 测试中的标准化喷药精准作业装备实物

3. 装置的幅宽

科研用途多为对比测试，实际上安装 2～5 个喷头即可，多为 3 个重复。设计幅宽为1.5m，机身高度不超过 1.5m。结构上可设计为喷杆折叠式，喷杆折叠为竖直后方便运输。

科研应用实验室的单开门多为0.9m宽，对开门多小于1.5m宽，喷杆折叠后进出不同实验室较容易。推广测试中温室的操作室门多不大于0.7m宽，机身设计为0.5m，折叠后可实现温室通道的移动。运输中7座车辆的空间容易容纳此装置，满足不同示范区和生产基地的移动测试。

3.2 标准化水肥高效利用装备

标准化水肥高效利用是指采用一种可以在温室中对水和营养液循环高效利用的模式，解决目前温室生产中水和营养液消耗高、成本高的难题。国内外诸多学者对此进行了多种方式的探索。美国从20世纪尝试在种植温室中开展观赏鱼类的养殖，做到了标准化的“种养一体”新模式。近年来，我国光伏新能源发展迅速，基于光伏能源的产业优势，将光伏新能源引入温室中，来缓解温室的能源消耗，降低温室的运营成本，提高温室的附加收益，是一个重要的途径。温室“农渔光伏互补”就是在温室棚顶太阳能发电，棚内发展蔬菜生产及渔业养殖的新型农业模式。通过建设棚顶及地面空闲空间的光伏工程实现清洁能源发电，最终将电能并入国家电网或为周边电力不方便的荒山林地农业项目提供能源；同时，在棚内将光伏科技与现代化农业和循环养殖业密切有机结合，发展现代高效农业，既具有无污染零排放的发电能力，又不额外占用土地，可实现土地立体化增值利用，也可实现种养结合，把水的消耗成本降到最低；同时，利用养殖废水制成营养液，实现标准化水肥高效利用，最终达到光伏发展和农业生产双赢的良好局面。

目前，基于温室“农渔光伏互补”技术发展很快。初步的标准化水肥高效利用应用模式已经得到应用。截至2018年底，基于光伏技术，现代农业和绿色农业快速产业化。全国规模较大的37个农业光伏项目投资总额227.53亿元，占地面积24.67万亩，总容量3.29GW，其中农光互补1.424GW，占比43.1%；光伏治沙1.15GW，占比37%；渔光互补730.7MW，占比22.1%。除上述经济效益外，通过增加当地就业岗位、增加温室额外收入和提高种植淡季农民持续收入等带来的社会效益也很大。按照800个标准化大棚（每个大棚平均长60m，宽8m）估算，年均发电约6000万kW/h，年发电收益预计6000多万元，每年可节约标准煤约 2.2 万 t，减少二氧化碳排放 5.7 万 t，减少粉尘排放 1.5 万 t（闫国琦等，2008；时玲等，2004）。除此之外，预计还可通过种植、观光、采摘获得年收益 3000 余万元。

“农渔光伏互补”作为一种新型的温室低碳发展新模式，其技术规划有很重要的意义，涉及的内容主要有光伏板布置、作物遮光减产、光伏电能的储备和分配、电源的稳定性（朱留宪等，2011）、配套用电设备的布置及农业环境的检测和调节。温室作为一个相对封闭的环境，开发对应的闭环控制系统可以有效地提高整个肥水生产系统的效率。设施蔬菜农渔光伏互补调控系统从农光、渔光和农渔互补 3 个角度出发，调配好光伏电能和用电设备之间的关系（刘国敏等，2004），让能源最大化地产生集群效益。光伏能源温室中利用的核心装备是标准化水肥高效利用装备，基于新能源把水的问题解决好，这是未来设施农业减少碳排放、可持续发展的新方向。

3.2.1 设计原理

标准化水肥高效利用装备采用嵌入控制器和便携式机械设计，主要为了满足水肥循环利用和光伏电能综合应用模式上创新的需要，在光伏电站建设和利用方式上与农业精准对接，将信息化手段和机械机构结合起来，利用装备来改善调控效果。对荒漠化土地、荒山荒地、滩涂、废弃物堆放场、新农村拆迁、废弃矿区改建后，形成设施农业基地和园区，首先在这些园区建立光伏电站，其所产生的光伏电能可就近配套给周边光伏日光温室的负载和渔业设备消耗使用。根据温室蔬菜生产中用水、加热、降温、植保、消毒等装备的需要，以及渔业增氧、投喂、捕捞、加热设备的电能需求，对两个部分加以调和，起到节省和优化光伏能源的目的；同时，通过太阳能发电后的储备和转化进行时间和空间上的调节，达到满足农业生产的目的。

3.2.2 系统结构

标准化水肥高效利用装备调控系统包括 4 大部分，包括配电部分、温

室部分、电动负载部分和渔业部分，如图3-5所示。配电部分的核心是电源管理，包括光伏组件、集控器、市电接口、电缆、逆变器、蓄电池等；温室部分主要是作物、照明、水、肥、药；电动负载部分主要有水循环泵、消毒装置、弥雾喷药装置、加热降温装置、增氧装置、投喂装置、温控系统（卷帘机、电动通风）等，核心是控制水的循环和热的循环。

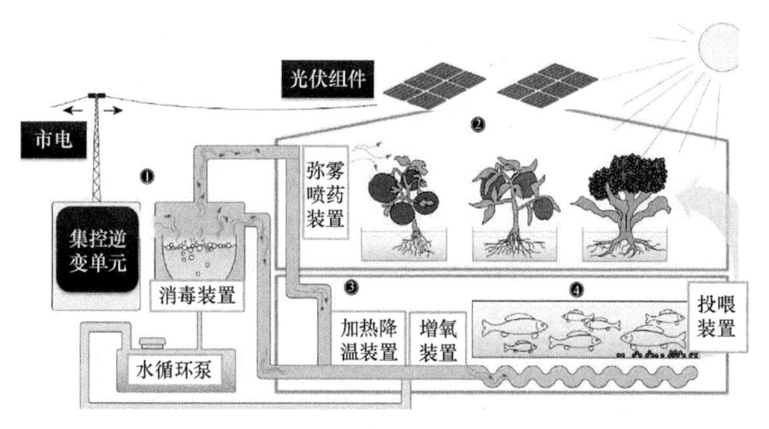

1——配电部分；2——温室部分；3——电动负载部分；4——渔业部分。

图3-5 标准化水肥高效利用装备调控系统

在标准化水肥高效利用装备工作流程设计上，为了更好地实现水循环和热循环的简化和可靠运行，系统放弃传统的并行结构，全部采用链式结构，其主要优势是可以体现优先级高低，对关键部分在电能和热能上优先进行配置。图3-6是标准化水肥高效利用装备调控系统工作流程。光伏能源使用方案中的分配策略是首先需要解决的问题，合理地分配能源是系统的核心。温室环境调控是作物和水产的大环境，是系统工作的基础，要重点给予配置。温室的水、营养液、药、光是高产的重要保证，涉及灌溉、施肥、喷药和补光等环节，调控系统将其纳入并进行能源分配，但优先级较低，可通过人工等其他作业方式进行强化。以上调控系统的分配顺序可以根据标准化水肥高效利用的实际需求进行调整。

3.2.3 电源管理

温室按照长度60m、宽度8m计算，共计480m^2。温室需要20块以上非晶硅电池组件，每块功率大于100W。为保证系统自给，配备20

块 12V-200Ah 胶体免维护蓄电池。系统逆变装置功率 3.5kW，额定电流 30A。图 3-7 是标准化水肥高效利用装备调控系统电源管理流程。电源管理中按照优先级顺序，温室环境调控装置和增氧装置优先使用能源，以避免造成生产损失。

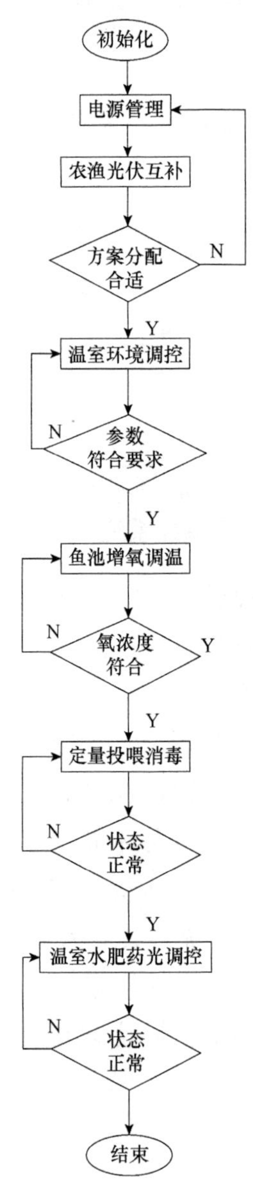

图 3-6　标准化水肥高效利用装备调控系统工作流程

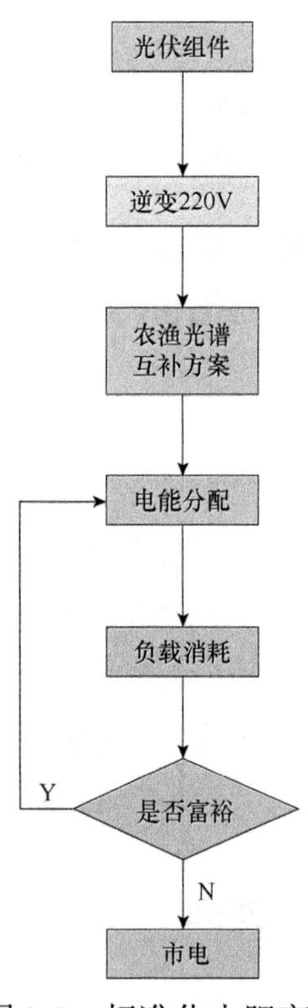

图 3-7　标准化水肥高效利用装备调控系统电源管理流程

3.2.4 应用实例

围绕标准化水肥高效利用装备的农渔结合不难实现，在阳台景观或有限空间的利用方面已经进行了尝试。图 3-8 所示是国外某公司一种标准化水肥高效利用装备调控系统应用实例。在此基础上进一步深入探究，解决能源的科学配置，提高产能具有非常大的潜力，从这个角度基于农渔结合的标准化水肥高效利用鲜有报道。农渔光伏的互补探索重点在标准化水肥高效利用装备调控系统上，只有标准化水肥高效利用装备调控系统精密化，才能实现标准化水肥高效利用管理，借助装备的集成和能源使用优先级的管理提高产量和品质。通过增氧装置能提高养殖密度和肉质，定量投喂装置可以根据需求控制科学喂养。蔬菜收获后的残留叶子消毒后可作为部分鱼饵，鱼池废弃物加热脱毒后可以用来给蔬菜施肥。鱼池的水白天可作为储热材料，夜间通过根部滴灌提高作物根系生长速度。热循环和水循环的精密管理可以实现高效利用和高产出。

图 3-8　标准化水肥高效利用装备调控系统应用实例

3.2.5 趋势和展望

目前全社会都倡导节能环保、低碳的经济发展模式，基于标准化水肥高效利用装备的“农渔光互补”模式远超越了已有的简单农光互补思路，其基于装备运用的创新蕴含着巨大的发展机会和市场空间。通过对标准化水肥高效利用装备的灵巧运用，可以弥补简单的电能上网单一模式。

标准化水肥高效利用装备的主要优势如下：

1）标准化水肥高效利用装备扩展了光伏电能的应用通道。通过装置直接利用，实现了光伏电能就地消化，建立了独立运行的生产系统，优化了光伏富余能源单一依靠市电的局面。

2）标准化水肥高效利用装备改变了农渔光伏互补技术难题，解决了单一功能大棚光伏发电无法发挥大农业集群优势的问题。

3）社会效益显著。除可观经济效益外，对水肥和新能源的高效利用还将产生良好的社会效益。

3.3 标准化气肥管理装备

我国自20世纪80年代以来迅猛发展的节能式日光温室大多依靠日光增温，因其成本较低，收益较好，满足了我国民众对反季节新鲜蔬菜的需求，同时对农民增收增效发挥了重要作用。因此，如何提高温室大棚的蔬菜品质和产量成为一个研究的热点问题。研究表明，二氧化碳作为气肥被人为地添加到温室内，通过提高温室内的二氧化碳浓度能改善植物的光合作用，进而达到增产的目的。

日光温室气肥的应用在我国起步较晚。实践表明，二氧化碳有利于作物的早熟丰产，增加含糖量。空气中二氧化碳占空气体积 0.03%，低于作物光合作用所需的浓度，因此温室内二氧化碳浓度的监测与增加变得十分重要（魏珉，2000）。现代温室密闭环境中进行作物的栽培，在不同生长期都需要提供不同浓度的二氧化碳，以促使幼苗根系发达，活力增强，产量增加（张颖，2006）。这就需要根据植物生长阶段的二氧化碳需求变化来精准控制二氧化碳的浓度。反季节栽培的难点是冬季管理，保温的需要使得湿度增大，二氧化碳缺少，作物光合效率降低，产量品质提高受限（张颖，2006）。国内外专家学者对人工控制二氧化碳浓度对植物的光合作用及相关生化反应做了大量的研究，对生产有很大的指导意义。早在 1804 年，DeSaussure 就对豌豆进行了高浓度二氧化碳的处理试验；20 世纪 70 年代以来，国外在设施栽培的二氧化碳施肥方面达到

研究和应用高潮，挪威有75%、荷兰有65%的温室施用二氧化碳（Hand，1984；Slack et al.，1985）。

温室内二氧化碳浓度的变化规律因地域、设施结构、管理方法、栽培品种、土壤有机质含量等诸多因素的差异而有不同的变化，但变化规律大致相同（魏珉等，2003）。采用传感器对京郊越冬温室二氧化碳浓度的监测研究，并决定如何使用气肥，对于冬季果蔬生产具有重要指导意义。

3.3.1 材料和方法

试验于2011年1月5日至2月30日在北京昌平小汤山精准农业基地温室开展，日光温室长为50m，跨度宽为8m，后墙厚度为64cm，两侧砖墙中间夹心20cm保温材料，脊高为3.4m，温室方位角南偏东6°，采用电动自动通风和控温，土壤为壤土，作物为番茄，定植一个月。

1. 试验温室

选择两个相同结构的温室进行对照研究，温室位置紧邻，长度和宽度一致，覆盖同样的保温被，使用同样的卷膜通风设备，通风和保温被卷展的时间一致，周围没有高大的遮挡影响通风。为了避免人为因素，安排同一人管理温室。种植的土壤同为壤土，历史年份有机质使用量一致。覆盖棚膜型号不同，温室A采用西班牙EVA农用膜，温室B采用山东青田农用膜。

2. 二氧化碳传感器

红外气体传感器具有响应速度快、测量精度高、技术成熟的优势，同时抗中毒性好，反应灵敏，线性度比较好。温室内空气属于混合气体，在传感器前安装一个适合二氧化碳气体吸收波长的窄带滤光片，这样传感器检测的信号变化只反映二氧化碳浓度变化数值。特制红外光源发射出1～10μm的平行红外光，通过长度为L的混合空气气室吸收后，再通过4.26μm窄带滤光片，红外传感器通过检测过滤后的红外光的强度，经过电路转化成电流信号，即可得出二氧化碳浓度。红外光源温室二氧化碳传感器原理如图3-9所示。

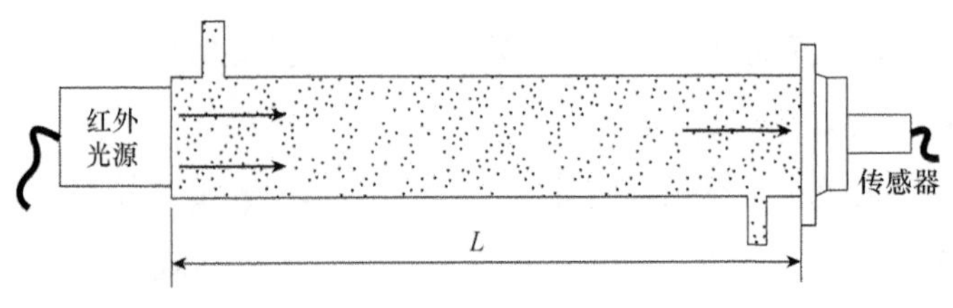

图 3-9 红外光源温室二氧化碳传感器原理

3. 红外气体测量模型

当入射红外平行光通过待测气体时，由于其对特定波长的红外光吸收作用，其吸收关系服从朗伯-比尔吸收定律。介质的厚度为 L，K 为比例常数，气体介质中的分子数 $\mathrm{d}N$ 吸收造成的光强减弱为 $\mathrm{d}I$，c 为气体浓度，N 为吸收气体介质的总分子数，α 为常数，即有

$$\frac{\mathrm{d}I}{I}=-K\mathrm{d}N \tag{3-1}$$

那么 $N\propto cL$，即有

$$I=I_0\exp\left(-L\sum\mu_i c_i\right) \tag{3-2}$$

光线强度在气体中被二氧化碳吸收后呈指数衰减的关系：

$$I=\exp(\alpha)\exp(-KN)=\exp(\alpha)\exp(-\mu cL)=I_0\exp(-\mu cL) \tag{3-3}$$

4. 环境测定装置

采用北京市农业机械试验鉴定推广站提供的 TRM-FZ1 多通道光辐照监测系统作为环境参数采集器，在温室 A 和温室 B 正中部分别放置一套。传感器放置高度为 1.5m。测量和采集系统能自动巡回测试与记录温室参数，二氧化碳浓度测量为 0～2000μL/L，精度为±30μL/L。

5. 上位机软件

上位机软件程序采用 VB（Visual Basic）编写，通过通信接口实现传感器采集系统与 PC（Personal Computer）机的通信，将存储的检测数据通过无线方式传送给 PC 机。上位机软件可以方便地实现集中式管理，同时可将采集的信息显示在软件界面上。标准化气肥管理装备上位机软件界面如图 3-10 所示。

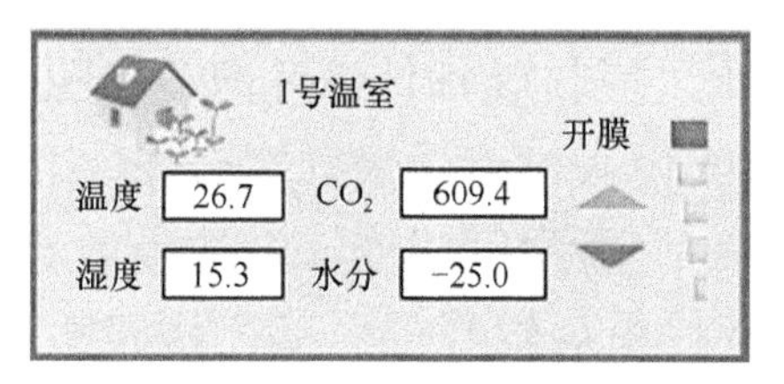

图 3-10 标准化气肥管理装备上位机软件界面

6. 测定方法

采用 24h 循环测试，整点时间每隔半小时保存一次二氧化碳数据，两个温室数据采集同时进行。早上太阳出来后在 8:30（采样序号 18）卷起保温被，同时开始开度 1/3 小风口通风，温度超过 25℃增大风口；下午 4:30（采样序号 34）开始展开保温被。

3.3.2 结果和分析

温室内部二氧化碳浓度变化曲线显著波动。图 3-11 是连续一周两个对照温室浓度变化曲线。从图 3-11 中可得，早晨揭开保温被初期最高，随光合作用消耗逐渐减小，10:30～12:00 达最低值，然后缓慢回升。

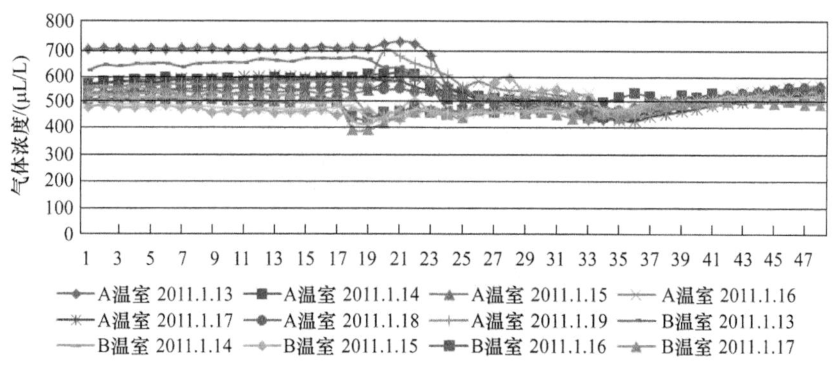

图 3-11 连续一周两个对照温室浓度变化曲线

从两个温室连续一周的监测曲线可以看出，二氧化碳的浓度在早上 8:30 通风后出现测量低点，在上午 10:30（采样序号 23）以后，部分曲线在 11:00 之后有二氧化碳浓度减弱的趋势。光照度对光合作用的影响是决定二氧化碳消耗快慢的重要因素。

同一温室连续3天二氧化碳气体浓度曲线如图3-12所示。采样序号1～48为1月12日24h内采样点，采样序号49～96和96～144分别为13日和14日的采样点。从不同日期连续的浓度检测数据曲线可以看出，1月12日从早上8:30日出后解开保温被，按照整点时间每间隔半小时测的辐射瞬时值温室内求和是2 478 607lx，按照整点时间每间隔半小时测的辐射瞬时值温室外自然环境下求和是3 301 622lx，辐射累计值分别是6.756kW和8.599kW；1月13日对应测的辐射瞬时值分别是2 172 623lx和3 050 278lx，累计值分别是5.847kW和7.966kW。两者相比较，1月13日光照明显不足，辐射瞬时值分别较前一日下降了14.08%和8.24%，而累计辐照值分别下降了 15.55%和 7.95%。其原因可能是光照严重不足，导致温室作物的光合作用减弱，引起二氧化碳浓度升高，较前一日共上升了19.84%，这也是图3-11中数据波动的可能影响因素。不同温室试验周期对照如表3-2中所示。温室A的一周平均浓度比温室B提高8.72%，说明两个温室在全天的浓度水平差异较小。不同温室试验周期10:00～15:00平均浓度对照如表3-3所示。综合一周内7次测量的结果发现，在10:00～15:00这段光合作用较强的时间段，温室A的二氧化碳浓度比温室B高13.33%，说明温室A在促进光合作用方面比温室B有优势。

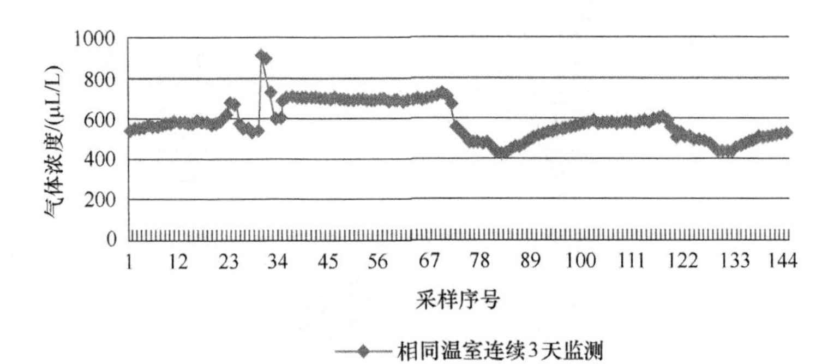

图3-12 同一温室连续3天二氧化碳浓度曲线

光照因素通过光合作用可影响二氧化碳浓度，因为调温采取的通风作业也是影响二氧化碳浓度的因素，将每天同一采样时刻采集的二氧化碳浓度数值单独取出，做横向比较，同时刻浓度变化对照曲线如图3-13所示。从一周的同时刻浓度变化对照曲线可以看出，正常调温

的温室其同时刻二氧化碳浓度变化对照曲线也有相同的规律，从试验数据分析可得，二氧化碳在 18:00 有显著的变化。

表 3-2　不同温室试验周期对照

对比	试验周期							
	1月 13日	1月 14日	1月 15日	1月 16日	1月 17日	1月 18日	1月 19日	均值
温室 A 一天内平均浓度/（μL/L）	593.44	534.72	524.44	546.16	533.12	523.43	542.74	542.58
温室 B 一天内平均浓度/（μL/L）	565.57	494.35	481.37	492.75	487.87	481.55	489.93	499.05
对比差值	27.87	40.38	43.07	53.41	45.25	41.88	52.81	43.52

表 3-3　不同温室试验周期 10:00～15:00 平均浓度对照

对比	试验周期							
	1月 13日	1月 14日	1月 15日	1月 16日	1月 17日	1月 18日	1月 19日	均值
温室 A 10:00～15:00 平均浓度/（μL/L）	558.29	526.67	524.77	557.50	525.15	512.46	561.68	538.08
温室 B 10:00～15:00 平均浓度/（μL/L）	503.56	462.17	499.86	463.52	467.76	459.03	467.70	474.80
对比差值	54.73	64.50	24.91	93.98	57.38	53.44	93.98	63.27

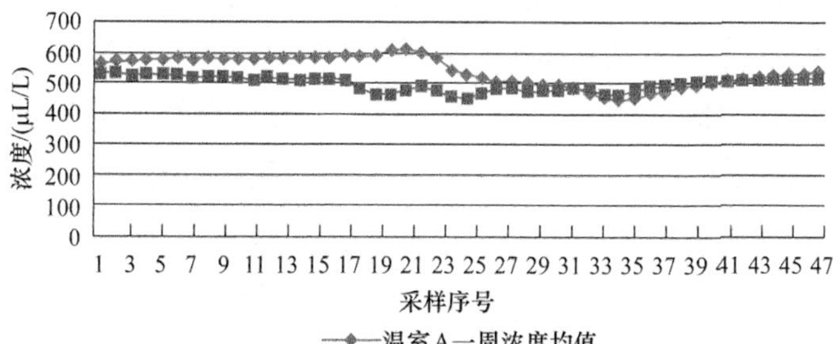

图 3-13　同时刻浓度变化对照曲线

3.3.3 结论

本节针对北京郊区越冬温室管理难的问题，采用传感器在京郊温室进行二氧化碳浓度的监测和对比试验，在京郊 1 月温室二氧化碳浓度变化的规律呈现变化缓慢的波动，不同于有些文献中提到的 U 形那么明显。土壤有机物分解释放也是导致温室夜间二氧化碳积累的一个因素。有文献提出温室二氧化碳浓度空间分布特点如下：早晚二氧化碳浓度是前部＞中部＞后部，下层＞中层＞上层，由于考虑温室湿度，保温被卷起后立即通风，本试验中没有发现该规律。在生产管理中，上午 10:00～11:00 可进行二氧化碳补充施肥，既可以减轻二氧化碳浓度低至 410μL/L 附近对作物的影响，也可避免 11:00 以后温度过高通风口全开影响二氧化碳施肥效果。

3.4 目标化管理植物靶标探测器

目标化管理就是将温室内的每一个植物当成位于不同位置的单独目标，根据生长阶段植物的生理需求，有针对性地开展农作物管理。农作物管理时，农药喷洒是一个费时费力的环节，传统的喷药依靠人工，存在喷洒不均匀、作物覆盖不彻底等问题，导致作物病害防治出现漏洞。另外，农药在靶标外的沉积会浪费农药，污染土壤并增加温室湿度。同时，研究发现，农药喷洒利用率低，在很大程度是因为药液没有有效喷施在靶标植株叶片上，无靶标喷施造成靶标外大量农药沉积，这是引发农药残留的主要原因（闫国琦等，2008），这些后果都会降低蔬菜的品质。

靶标探测成为目标化管理的关键之一，通过动态采集植物靶标的形态信息，在温室管理过程中根据这些形态信息来自动地控制喷药，成为一个非常有效并且省药的技术手段。靶标探测喷药能有效防止温室内作物病害大面积蔓延，同时对病害的交互感染进行阻断，对靶标的探测识别是提高药效的重要途径。靶标探测的自动化能显著降低温室喷药劳动强度，而且能高效地完成喷药作业，是设施栽培的一个发展方向。

靶标探测器的设计初衷是从农机农艺融合的角度出发，减少靶标外药滴沉降带来的浪费。因为果类蔬菜相比叶菜果实膨大，周期长，株高大，果实按照高度分层，对靶标探测的需求很高。当前研究有超声靶标探测和红外靶标探测（时玲等，2004），但温室中对果菜靶标的探测未见报道。

3.4.1 设计原理

通过在弥雾机运行轨道上安装磁铁，利用霍尔传感器采集对应位置的磁铁信号，经转化和计算后间接获得行进过程时喷药机的位置相对果菜垄的位置信息，利用控制器计算得出喷药机电磁阀打开的作业区间信息，控制器发出控制信号给喷药机构，实现喷洒作业。植物靶标探测器的结构原理如图 3-14 所示。

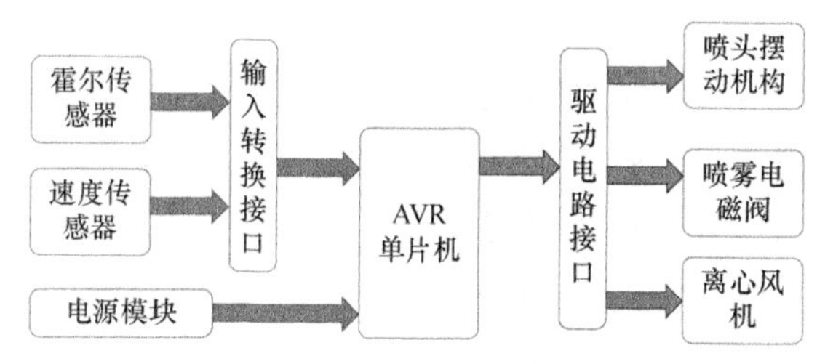

图 3-14 植物靶标探测器的结构原理

植物靶标探测器的设计遵循简约稳定的技术思路，重点优化解决温室湿热环境对电路的影响，单独设计两组接口电路，包括输入转换接口和驱动电路接口，消除干扰和温度补偿。输入转换接口主要采集霍尔传感器和速度传感器信号。信号被纠错检验后发送给单片机，获得当前喷雾机的位置信息。驱动电路接口用来将控制信号从 3V 放大到 12～24V，控制信号被放大后用来驱动外接电动机，同时对采集的信号进行响应，发送控制信号给末端执行器。

3.4.2 传感器设计

霍尔传感器采用盘式旋转结构，按照间隔 120° 分别布置 3 组霍尔传感器，盘式旋转机构的转速为 3 圈/s，采集信号分别存放在 3 个寄存器中进行计算。植物靶标探测器如图 3-15 所示。当探测器经过角铁轨道上的磁铁时，3 组传感器依次采集到信号，解析规则判断时，如果 3 组传感器中有 1 组发生数据丢包或干扰错误可通过其他 2 组传感器自动校准。

3.4.3 控制器算法

控制器首先通电后进行初始化；然后判断 3 组传感器的 3 组采集板是否有电流信号输出。当检测到信号变化时，控制器立即接收该磁铁信号，并存放起来，并继续读取相邻采集板有没有信号输出。通过图 3-15 中的 3 组传感器的信号确认和解析，最终判断是否探测到靶标。确认靶标后，开始对存储在数组的值进行运算，目的是计算行进时间，以便确认行走距离。开始计算当前时间和采集板采集到的信号的时间间隔，用时间段长度得出弥雾机当前位置点，并通过该时间段长度对应的预设施药程序中的唯一位置点编码来读取当前喷药机的准确喷药参数（喷药量、离心风机风量等）。植物靶标探测器算法流程如图 3-16 所示。为了使程序更加适应农艺要求，预先将作物长势和行宽参数设置好。由于传感器设计的盘式结构的特点，每转动一周会有 3 个间隔时长一致的波动信号，当弥雾机扫过作物靶标旁的磁铁时，会有连续的信号产生。喷雾机探测的坐标原点设定为采集板连续探测磁铁的信号时第一个霍尔电流信号对应的位置。当连续信号结束时，通过计算第一个信号发生时刻和当前时刻的时间关系，喷雾机会到达预设的位置进行对靶喷药。当达到程序设定的喷雾量后，控制器驱动弥雾机往前行走一定距离后，再次停止前进，喷头摆动机构动作，对另外一侧作物进行喷雾。

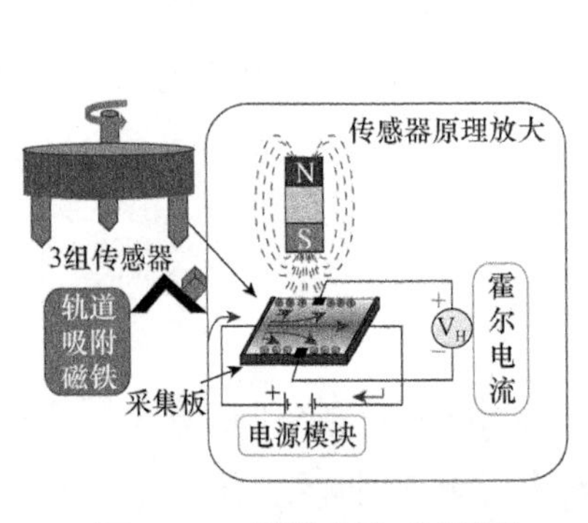

图 3-15　植物靶标探测器

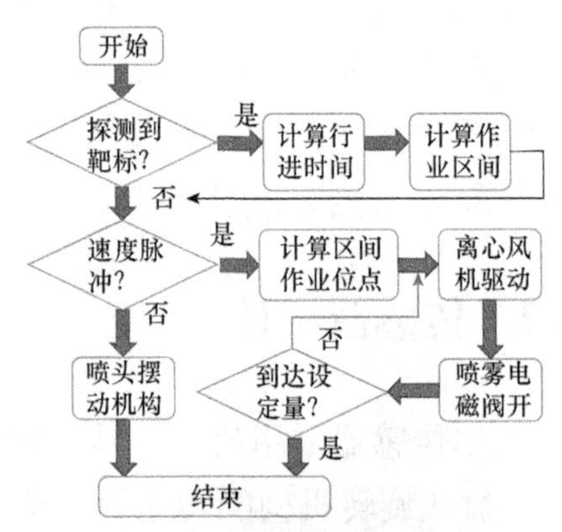

图 3-16　植物靶标探测器算法流程

3.4.4 试验和结果分析

在测试样机底部靠近作物一侧固定传感器；在对应的一侧位置固定2cm大小的永磁铁，直接吸附在轨道上。选择自来水替代农药进行测试。植物靶标探测器田间试验如图3-17所示。

以3行作物作为靶标喷药行，选择第1行的磁铁位置提前1m为坐标原点，选择弥雾机前进方向为X轴正方向，选定作物种植区域一侧为Y轴正方向。预先设定喷雾量和前进速度等数值。试验重复3次，得出对靶探测的准确性结果。植物靶标探测器对靶探测曲线如图3-18所示。从探测曲线中可得，实际对靶得出的作业区间和作物垄的位置边缘有一定滞后，通过系统可以进行修正，但如图3-18计算的作业位点偏差不大。

图3-17 植物靶标探测器田间试验

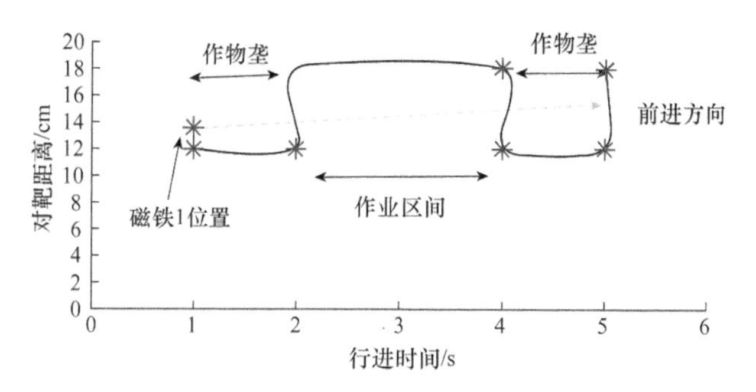

图3-18 植物靶标探测器对靶探测曲线

不同靶标距离沉积测试对比如图3-19所示。通过磁铁标示的信号识别靶标边缘后，弥雾机在作业区间内停止前进，同时进行喷雾。喷头摆动机构设定为正前方，喷雾时间设定为30s，对靶标植物区域的采样以从喷嘴处往外6～8m为宜，喷雾在作物叶片上的沉积量随距离的增大而减小，但雾滴均匀性没有随靶标距离而显著变化。

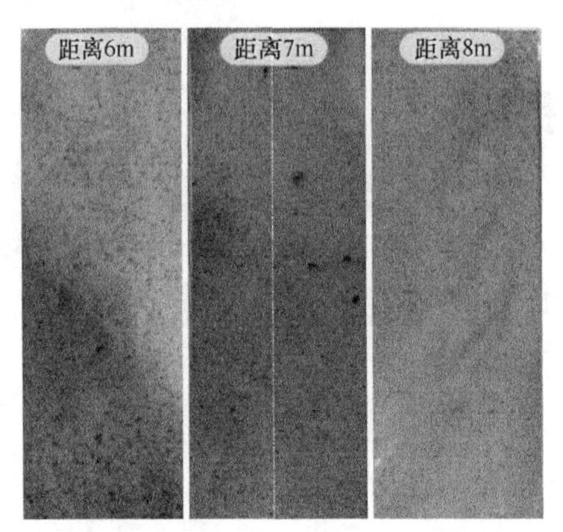

图 3-19 不同靶标距离沉积测试对比

3.4.5 结论

本节开发了一种果菜喷药靶标探测器，进行试验研究后得出以下结论。利用霍尔传感器开展植物目标化管理，依靠采集到的对应位置的磁场信号得到靶标位点信息，农机具根据位点信息对植物进行精细化管理的方法适合温室实际生产，通过果菜喷药靶标探测器来喷雾的实例说明该方法效率高、效果好。果菜喷药靶标探测器能准确获取西红柿的藤蔓柔性枝条和不规则轮廓，靶标探测信息和实际情况相符，探测精度较好，生产中温室喷药缺少自动化定位手段，喷药不彻底的问题得到解决。为了进一步研究植物靶标和喷嘴之间的距离对喷雾效果的影响，通过在待喷药靶标上布设水敏纸的方法，获取果菜喷药靶标探测器的工作沉积数据。试验结果表明，基于果菜喷药靶标探测器的对靶喷雾有助于提升喷药水平，这种目标化管理的喷药方法能较好地改善雾滴的均匀性，并显著节省农药用量。

3.5 药效评价装备

药效评价是温室农药喷洒的重要环节。雾滴粒径和喷药压力是药效评价的两个关键因素，作物和农药选定后，要根据作物栽培的实际情况来决定这两个参数的设定范围。传统的方式是依据经验选取喷头孔径，再根据孔径选取大致的压力范围。这种做法比较简单，但是对于作物的类型、作物生长阶段、叶面表面微观特征、农药类型、农药浓度等参数

的差异都忽略不计，这对试验精度比较高的药效试验产生诸多干扰。因此采用传统方法试验时，试验结果容易受到主观因素的影响。

药效评价装备开发瞄准了雾滴粒径和压力调节这两个关键目标。雾滴粒径调控常规的办法是选取不同孔径的喷头，美国喷雾系统公司提供了系列的 Teejet 喷嘴，并有详细的孔径及雾滴特征描述。恒压装置有多种，精准的压力调节阀、间歇压力泵都可以作为压力源。但药效试验对药剂的用量和浓度有较高要求，因此传统的压力泵方式难免会有药剂残留在压力泵及管路中，这些残留的药剂会对下一个处理的药剂产生不同程度的影响。因此，试验装置的设计要考虑如何清理管路系统中的留存药剂。采用气体加压的方式是一个很好的选择，加压选用二氧化碳气体，具有以下好处：①价格便宜，钢管包装的 2L 二氧化碳气体售价几十元，基本可以完成上百个小样本的药效试验；②维护方便，电动机加压要考虑电动机的防水及蓄电池的定期充电，故障率较高，而气压系统可长期保存；③携带方便，钢瓶相对较小，强度较高，配上手提的结构，非常容易携带。

药效检测的传统方法是采集活体样本进行实验室组分分析，通过电镜观察叶片组织变化和进行染病孢子或者害虫虫体统计。这样的调查方法周期较长，费时费力，短时间内处理样本的数量较少，而药效试验分组处理往往都是数百个样本以上，实际调查中力不从心。采用光谱手段能无损快速地获取植株的光谱数据，将其和正常植株、严重染病的光谱曲线进行运算和对比，对关键点的光谱数据进行对比分析，建立对应的识别和判定数学模型（闫国琦等，2008；时玲等，2004），就能快速地得出不同药效的分析结果。高光谱成像技术不但融合光谱的特征，同时做到“图谱合一”，能够直观地选取感兴趣的图元，进行光谱数据的提取和分析，对于植株药效评价而言具有针对性强的好处。

3.5.1 设计原理

高压的二氧化碳气体被存储在钢瓶内，每瓶容量是 2.4L，通过气压阀分配为二路，其中一路用作喷雾；另一路安装泄压阀，确保气路安全和恒压。不同处理的药剂可按照浓度和种类等复配参数提前存储在多个可乐瓶里，使用时按照试验作物分组方案将可乐瓶轮流替换拧上。控制器可接收计算机信号，以控制药剂流量和药量多少。开关阀关闭停止喷雾后气压阀泄压，保持气路安全。管路和喷嘴连接处设计为螺纹，方便更换喷嘴，可依次进行多组喷嘴的测试，开展不同雾滴大小的对比试验。光谱仪实时传感采集植物施药后的光谱信息，发送给计算机计算和特征图元提取。图 3-20 是药效评价装备原理。

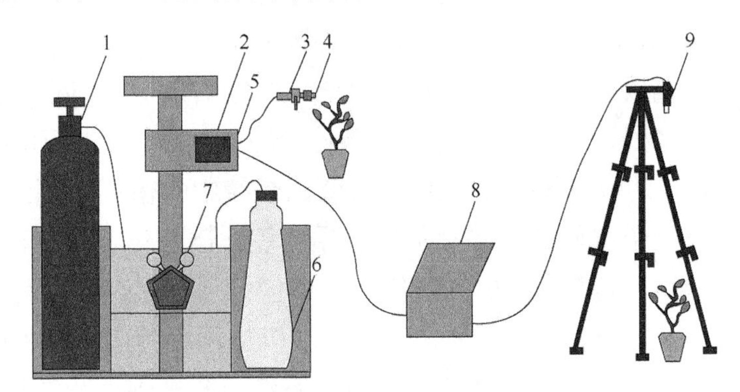

1——二氧化碳钢瓶；2——控制器；3——开关阀；4——喷嘴；5——显示屏；
6——可乐瓶；7——气压阀；8——计算机；9——光谱仪。

图 3-20　药效评价装备原理

3.5.2　应用实例

图 3-21　药效评价装备实物

试验装置的测试在温室内进行，图 3-21 是药效评价装备实物。配置不同稀释浓度的光谱杀菌剂啶酰菌胺溶液分别装在不同的可乐瓶中，测试时将可乐瓶拧紧固定在试验装置上，装置通过二氧化碳高压气体将药液直接压出在喷嘴处形成雾滴，对待测花卉苗进行不同雾滴大小的喷洒药剂试验。将 50 株花苗分成 5 个对照组，每组 10 株花苗，其中 4 组共 40 株喷药，一个对照空白组 10 株不喷药。试验装置喷头选用 Teejet 系列喷头，轮换按照花苗编号喷施。喷药二氧化碳气体压力从 0.2～0.36MPa 连续调节，通过不同雾滴粒径喷洒的秧苗在温室中叶片表面干涸后即可进行光谱数据采

集分析。为提高光谱测量精度，需要提前用白色背景进行校准；试验时穿深色衣服；选取温室外阳光没有遮挡的位置进行试验。药效评价装备光谱数据采集如图 3-22 所示。

图 3-22 药效评价装备光谱数据采集

3.5.3 实例分析

通过试验装置获取感兴趣的叶片区域的图元，对应的光谱值就可以读取出来。药效评价装备高光谱成像获取的花苗光谱如图 3-23 所示。数据分析时依次选取不同位置和高度的叶片，裁剪后提取对应光谱数据，可得到不同雾滴粒径覆盖的叶片施药后的药效信息。从试验数据结果来看，花苗染病程度对光谱影响最大，雾滴粒径大小次之，药剂浓度影响最小。

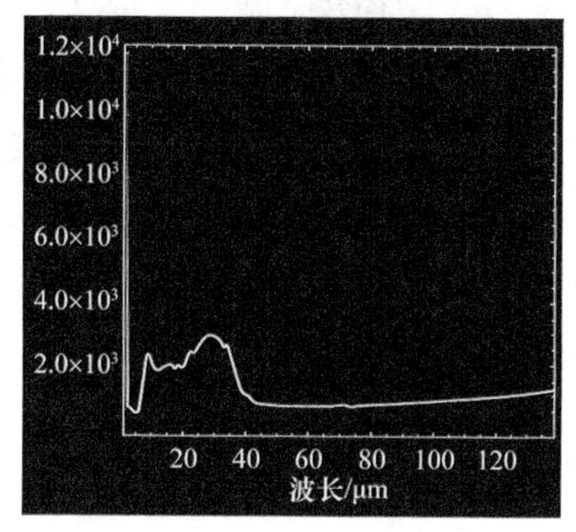

图 3-23 药效评价装备高光谱成像获取的花苗光谱

3.5.4 结论

本节设计了一种基于高光谱手段的药效评价装置，采用软硬件结合的方式，实现了农药喷洒后植物应激反应的快速无损测量，达到了药效定量评定的目的。通过所开发的试验装置在蔬菜栽培生产中应用，对药效评价装置的性能、精度开展了探索性研究。通过不同雾滴粒径喷药后药效的光谱响应试验，建立了药效和光谱之间的相关性。该试验研究为温室装备的研究提供了指导。

3.6 温室保温被轻简化装备

温室保温种植使我国北方地区实现了蔬菜瓜果的反季节种植，对保证北方冬季寒冷时间段内百姓“菜篮子”稳定供应发挥了非常重要的作用。温室保温被是温室保温种植非常重要的一个配套设备，可以起到很好的节能增温和遮阳降温的双重效果。国内很早就指出使用保温被具有很好的保温和遮阳效果，日本、俄罗斯、加拿大、韩国等许多国家都采用温室保温被，一层保温被节能率为25%～30%，两层保温被可节能40%～50%。国内用一层地膜做保温被，最低温度比对照能提高20℃左右。蔡龙俊等（2002）研究指出，内保温幕是温室供热系统运行时的重要节能措施，其中铝箔反射型内保温幕节能效果出色（赵庚义等，1995）；另外，从反射型内保温幕的节能机理计算得出温室供热能耗及内保温幕节能效果的数学模型，精确研究了温幕辐射特性对保温节能效果的影响趋势。在反光降温方面，保温被也发挥了重要作用。中国花卉园艺2010年介绍了瑞典研制的透风性好、外表面反辐射的新型遮阳帘幕，其能遮挡紫外线，明显降低白天温室的温度。

我国温室保温被使用过程中存在技术手段相对落后、操作过程不规范等问题。保温被多安装在温室顶部或温室外侧上方，拉幕作业劳动强度大，人工作业登高存在危险性。温室保温被轻简化装备技术的应用弥补了上述不足。采用轻简化装备后，通过电动方式能快速完成作业，能够提高劳动效率，降低劳动强度和工人登高风险。温室专用的电动保温被拉幕机有很多规格，针对其特性的试验有助于引导企业研究轻简、节能和安全的拉幕机。本节通过试验对电动拉幕机进行整机性能试验和安全性检查，考核样机各项技术性能指标是否满足生产需要。

3.6.1 设计原理

该机采用三相异步电动机为动力，经蜗轮-蜗杆和2组斜齿轮减速传递后，通过两侧链轮式联轴器带动传动轴转动，传动轴上的齿轮驱动齿条往返运动，从而完成温室内（或外）遮阳的启动和关闭。安全

保护方面的设计是通过双重保护限位调节装置，使电动机停止运转，从而实现准确定位；蜗轮-蜗杆机构实现传动轴自锁，使通风窗开或关时可停留在设定位置之间。实际温室保温被拉幕机生产试验实物如图3-24所示。

图3-24 实际温室保温被拉幕机生产试验实物

其主要规格参数如下：配套动力为0.55kW三相异步电动机；传动比为266∶1，输出转速为5.2r/min，输出扭矩为400N·m，结构质量为28.0kg，外形尺寸（长×宽×高）为465mm×245mm×210mm。

3.6.2 应用实例

装备的应用试验在北京市农业机械试验鉴定推广站实验室进行，主要对该样机进行了性能试验和安全性检查；对照试验在昌平温室基地进行。

性能试验条件如下：性能试验环境温度为16.7℃，相对湿度为36%；空载试验时电动机输入功率为193.6W；100%额定载荷时电动机输入电压为398.7V，电流为1.65A，电动机转速为1426r/min；噪声测定时背景噪声为54.2dB（A）。

生产试验条件如下：内遮阳300m^2；电动机输入电压为415V，电流为1.3A；开窗工作时电动机负荷程度为31%。测试所使用的量具经过计量院检验并在检验合格有效期内。温室保温被拉幕机测试主要工具如表3-4所示。

表3-4 温室保温被拉幕机测试主要工具

型号名称	精度（分辨率）	量程
HS-10W型电子秒表	0.01s	10h
盒尺	1mm	5m
DT2234A数字转速表	1r/min	0～10 000r/min
CTB-80S扭矩仪	1N·m	0～10 000N·m
St3远红外测温仪	0.1℃	−20～+400℃

续表

型号名称	精度（分辨率）	量程
ZC-7 兆欧表	1.0 级	500V/1000MΩ
2230 型精密积分声级计	0.1dB（A）	24～130dB（A）
3169-20 型电功率计	1W	250kW
数字温湿度计	0.1℃	0～50℃
	1%	10%～100%

经过 5 次测试并求测试结果均值，实际的输入功率是 797.2W，负荷程度为 106.5%，没有超过 110%的要求。输出转速为 5.6r/min，输出扭矩为 420N·m，满足普通温室拉幕的要求。传动效率是 40.3%，超载试验中加载至 120%的额定负荷运转 10min 以上，设备无零件损坏问题出现。作业期间减速箱温升到 61.6℃，噪声测试为 67dB（A）。行程锁定功能测试时，正反转均能有效快速反馈并停止。空载试验中减速箱在空载条件下，正、反向各运转 1h，连接件不松动、无渗漏油，运转平稳，无冲击、无异响。密封性能的试验时减速箱在额定转速条件下，正、反向各运转 1h，各结合面及油封部位不得有渗漏油现象。生产试验在温室实际生产环境中进行，样机输入功率是 230W，输出转速为 5.6r/min，最大工作行程是 4m，运转中的行程误差最大到 0.6%，经测定精度符合实际生产需要。

该样机经试验检测，各项性能指标达到了实际生产要求。台架试验和生产性能测定的试验数据说明整机运转平稳，工作可靠。

3.6.3 专用试验台性能测定

该样机的试验台性能测定试验表明，在载荷变化过程中输入电压基本稳定，输入电流波动 0.4A，输入功率分别增加 97W、192.2W、146.6W，输入转速和输出转速基本恒定，输出转矩依次增加 41.4N·m、150N·m、101.1N·m，传动效率依次增加 0.8%、9.4%、2.7%。温室保温被拉幕机测试主要性能结果如表 3-5 所示。

表 3-5 温室保温被拉幕机测试主要性能结果

<table>
<tr><th colspan="2" rowspan="2">项目</th><th colspan="4">结果</th></tr>
<tr><th>额定载荷的25%</th><th>额定载荷的50%</th><th>额定载荷的75%</th><th>额定载荷的100%</th></tr>
<tr><td colspan="2">输入电压/V</td><td>397.64</td><td>398.92</td><td>398.34</td><td>398.7</td></tr>
<tr><td colspan="2">输入电流/A</td><td>1.2582</td><td>1.3279</td><td>1.4952</td><td>1.65</td></tr>
<tr><td colspan="2">输入功率/W</td><td>361.4</td><td>458.4</td><td>650.6</td><td>797.2</td></tr>
<tr><td colspan="2">输入转速/（r/min）</td><td>1426</td><td>1426</td><td>1426</td><td>1426</td></tr>
<tr><td colspan="2">输出转速/（r/min）</td><td>5.538</td><td>5.659</td><td>5.583</td><td>5.6</td></tr>
<tr><td colspan="2">输出转矩/（N·m）</td><td>127.5</td><td>168.9</td><td>318.9</td><td>420</td></tr>
<tr><td colspan="2">负荷程度/%</td><td>26.6</td><td>33.7</td><td>47.8</td><td>106.5</td></tr>
<tr><td colspan="2">传动效率/%</td><td>27.0</td><td>28.2</td><td>37.6</td><td>40.3</td></tr>
<tr><td colspan="2">额定载荷的 120%</td><td colspan="4">480N·m 运转 10min 后，拉幕机工作正常</td></tr>
<tr><td colspan="2">行程锁定功能</td><td colspan="4">能停止转动，锁定功能正常</td></tr>
<tr><td rowspan="3">减速箱温升/%</td><td>试验初始温度</td><td colspan="4">16.5</td></tr>
<tr><td>试验终止温度</td><td colspan="4">78.1</td></tr>
<tr><td>温升</td><td colspan="4">61.6</td></tr>
</table>

1. 噪声测定

噪声标准中规定噪声级为 30～40dB 是比较安静的正常环境；超过 50dB 就会影响睡眠和休息；70～90dB 会干扰谈话，是噪声的允许值。样机的噪声测定试验在温室里不同的 4 个位置点分别进行 3 次测定，温室保温被拉幕机测试主要噪声结果如表 3-6 所示。其平均声压值 L_{pA} 是 67dB（A），符合要求。

表 3-6 温室保温被拉幕机测试主要噪声结果

<table>
<tr><th rowspan="2">测点</th><th colspan="3">实测值 L/dB（A）</th><th colspan="2">修正值/dB（A）</th><th colspan="3">测量值 L/dB（A）</th></tr>
<tr><th>1</th><th>2</th><th>3</th><th>背景修正 K_1</th><th>环境修正 K_2</th><th>1</th><th>2</th><th>3</th></tr>
<tr><td>1</td><td>67.9</td><td>67.8</td><td>67.5</td><td rowspan="4">0</td><td rowspan="4">0</td><td>67.9</td><td>67.8</td><td>67.5</td></tr>
<tr><td>2</td><td>66.2</td><td>66.1</td><td>66.0</td><td>66.2</td><td>66.1</td><td>66.0</td></tr>
<tr><td>3</td><td>66.8</td><td>66.5</td><td>66.7</td><td>66.8</td><td>66.5</td><td>66.7</td></tr>
<tr><td>4</td><td>67.5</td><td>67.6</td><td>67.5</td><td>67.5</td><td>67.6</td><td>67.5</td></tr>
<tr><td colspan="4">平均声压值 L_{pA}/dB（A）</td><td colspan="5">67</td></tr>
</table>

2. 生产性能测定试验

样机的生产性能测定试验在北京市昌平区温室基地开展，目的是测试设备在实际工作环境下的性能状态。温室保温被拉幕机测试主要生产性能指标结果如表 3-7 所示。实际负荷 31%的输入电压同试验台满载的 398.7V 比较提高了 16.3V，输入电流同试验台满载测试减少 0.35A，输入功率减少 567.2W。

表 3-7 温室保温被拉幕机测试主要生产性能指标结果

检测项目	检测结果				
	1	2	3	4	平均值
输入电压/V	415.05	415.90	415.10	415.80	415
输入电流/A	1.3139	1.3311	1.3137	1.3308	1.3
输入功率/kW	0.2331	0.2268	0.2329	0.2257	0.230
输出转速/（r/min）	5.54	5.59	5.55	5.61	5.6
电机额定功率/kW	0.55	0.55	0.55	0.55	0.55
负荷程度/%	31.2	30.3	31.1	30.2	31
工作行程/mm	4000	4000	4000	4000	4000
行程误差/%	1.25	0.25	0.75	0.25	0.6

3.6.4 结论

温室保温被轻简化装备技术标准的制定有效规范了保温被的使用。针对温室专用电动拉幕机的试验主要在试验台上进行了性能测定、噪声测定、生产性能测定等，通过试验得出了样机的基本特性。该装备的工作性能同安装方式、温室面积、保温被特性等外部参数密切相关，因此选择多个因素开展正交试验能更好地获得各因素对拉幕机的影响。拉幕机的系统研究可朝着结构创新、太阳能驱动、传感器技术等新方向拓展，小而专的温室配套设备虽小但有大为，具有很好的发展潜力。

3.7 温室通风窗轻简化调控装备

近年来温室种植发展迅猛，已经成为农民增收、种植模式升级的重要方式。温室里通过天窗和侧窗通风使空气自然对流换气，从而转移室内热量，并降低过高的室内湿度，同时补充温室中的二氧化碳。这种方式结构简单，成本低廉，能耗极低，已经成为温室环境调控的一种重要措施。目前温室种植多采用人工方式开闭通风窗，存在开闭不及时、晚间忘记关窗从而引起冻苗等问题。另外，温室中劳动强度大，空间狭小、对青年人吸引力不强，而目前农村又处于青壮年劳动力缺乏的境地。应如何解决上述问题呢？温室通风窗轻简化调控装备是一个有效的途径，该技术已成为国内学者研究的热点。

很多学者对该领域开展了探索性研究。无刷电动机被设计用来驱动开窗，其采用 Modbus 协议和组态软件实现网络监控（马聪等，2007），通过试验验证，无刷电动机开闭窗体、过载、调电等工况取得较好的效果。除了研究电动装置外，智能开窗器由于更现代化、人性化，也成为一个热门，得到人们广泛关注。智能开窗器应用现状及存在的问题也成为关注对象。智能开窗系统靠集中控制器实现手动、自动作业，而且其技术成熟，成本和可靠性均可以被市场接受（商联红，2008）。行业发展，标准先行。国家有关行业根据行业发展制定的引导规范也促进了该行业的健康有序发展。《98SJ711〈平开窗电动开窗机〉国家建筑标准设计图集》公开了电动开窗机的选用与安装、启闭扇数选用表，并重点介绍了开窗机的适用范围、构造原理、设计选用、制造检验、运输保管和安装调试等注意事项（王祖光，2000）。这对于规范整个开窗机研究设计和应用都具有重要意义。开窗系统应用的效果方面，国外早先研究较深入，Dayan 等（1993）对连栋温室采用自然通风、遮阳、风机、湿垫几个降温措施的影响效果进行了对比试验，基于试验结果得出了比较理想的数学模型。国内也进行了大量技术探索。有学者开发了一种能同时开闭 10 个塑钢玻璃天窗，实现温室的自然通风的天窗机构（马明建等，2000），这种机构适合大型温室的规模应用。温室开窗机构的研究也开始与实际情况配套，实现因地制宜，根据温室结构类型和形式、当地气候特点、栽培作物的特点来合理地选择开窗系统（姜雄晖等，2006）。我国大型连栋温室中多采用电动开窗机构，气动开窗系统研究还在探索之中，因此对电动开窗机开展性能试验和优化改进是温室通风窗轻简化调控装备发展的必由之路。本节通过对整机性能的试验和安全性的检查，分析总结样机各项技术性能指标是否达到生产标准，并将结果作为结构优化改进的重要参考。

3.7.1 设计原理

该机以三相异步电动机为动力，经蜗轮-蜗杆和 2 组斜齿轮减速传递后，通过两侧链轮式联轴器带动传动轴转动，传动轴上的齿轮驱动齿条往返运动，从而完成温室通风窗的开窗和关闭。安全上通过双重保护限位调节装置，使电动机停止运转，实现准确定位。蜗轮-蜗杆机构实现传动轴自锁，使通风窗开或关时可停留在设定位置之间。

装备主要规格参数：配套动力为 0.75kW 三相异步电动机，传动比为480∶1，输出转速为2.6r/min，输出扭矩为800N·m，结构质量为29.4kg，外形尺寸为 465mm×245mm×210mm（长×宽×高）。

3.7.2 应用实例和分析

2010 年 12 月 15 日，针对京郊温室实际生产需要，在北京市农业机械试验鉴定推广站实验室进行性能试验和安全性实测。图 3-25 是温室通风窗轻简化开窗机驱动电动机实物。2011 年 3 月 22 日在北京市昌平区百善牛房圈村温室进行生产试验。

图 3-25　温室通风窗轻简化开窗机驱动电动机实物

性能试验条件如下：性能试验环境温度为 13.1℃，相对湿度为 34%；空载试验时电动机输入功率为 154.8W；100%额定载荷时电动机输入电压为398.6V，电流为1.88A，电动机转速为 1410r/min；噪声测定时背景噪声为 54.5dB（A）。

生产试验条件如下：温室面积为 2500m^2，开窗位置为顶部，开窗面积为 50m^2；电动机输入电压为 362V，电流为 1.5A；开窗工作时电动机负荷程度为 50%。

样机经过 5 次测试并对结果求均值，实际的输入功率是 867.4W，负荷程度为 87.3%，没有超过 110%的要求；输出转速为 2.99r/min，输出扭矩为 8050N·m，满足普通温室开窗的要求；传动效率是 38.5%，超载试验中加载至 120%的额定负荷运转 10min 以上，设备无零件损坏。作业期间减速箱温升到 51.2℃，噪声测试为 65dB（A）。行程锁定功能测试时，正反转均能有效快速反馈并停止。空载试验中减速箱在空载条件下，正、反向各运转 1h，连接件不松动、无渗漏油，运转平稳，无冲击、无异响。密封性能试验时，减速箱在额定转速条件下，正、反向各运转 1h，各结合面及油封不得有渗漏油现象。生产试验在实际生产环境进行，输入功率是 495W，输出转速为 3.2r/min，最大工作行程是 350mm，运转中的行程误差最大到 0.5%，精度符合实际生产需要。

该样机经试验检测，各项性能指标达到了实际生产要求。台架试验和生产性能测定试验数据说明，整机运转平稳，工作可靠。

3.7.3 综合性能测定试验

温室通风窗轻简化开窗机实验台测试数据如表 3-8 所示。该样机的试验台性能测定试验表明，在载荷变化过程中输入电压基本稳定，输入电流波动为 0.4A，输入功率分别增加 105.5W、136.1W、231.1W，输入转速和输出转速基本恒定，输出转矩依次增加 146N·m、167N·m、192N·m，传动效率环比依次增加 5.7%、3.1%、−3.5%。

表 3-8 温室通风窗轻简化开窗机实验台测试数据

名称	检测结果			
	额定载荷的25%	额定载荷的50%	额定载荷的75%	额定载荷的100%
输入电压/V	399.68	398.16	398.24	398.6
输入电流/A	1.4826	1.5390	1.6425	1.88

续表

名称		检测结果			
		额定载荷的25%	额定载荷的50%	额定载荷的75%	额定载荷的100%
输入功率/W		394.7	500.2	636.3	867.4
输入转速/（r/min）		1485	1485	1483	1410
输出转速/（r/min）		3.15	3.15	3.14	2.99
输出转矩/（N·m）		300	446	613	805
负荷程度/%		39.7	50.4	64.1	87.3
传动效率/%		33.2	38.9	42.0	38.5
额定载荷的 120%		960N·m 运转 10min 后，开窗机工作正常			
行程锁定功能		能停止转动，锁定功能正常			
减速箱温升/℃	试验开始温度	13.9			
	试验停止温度	65.1			
	温升	51.2			

3.7.4 生产性能测定试验

样机的生产性能测定试验在北京市昌平区百善镇牛房圈村温室基地开展，目的是测试设备在实际工作环境下的性能状态。温室通风窗轻简化开窗机生产性能试验数据如表 3-9 所示。实际负荷 50%的输入电压同试验台 50%负荷的 398.16V 比较降低了 36.16V，输入电流同试验台 50%负荷的测试结果一致，输入功率同测试台 50%负荷的测试结果没有显著差异。

表 3-9 温室通风窗轻简化开窗机生产性能试验数据

检测项目	检测结果				
	1	2	3	4	平均值
输入电压/V	361.54	361.76	361.24	361.78	362
输入电流/A	1.5390	1.5367	1.5372	1.5341	1.5
输入功率/kW	0.5002	0.4985	0.4991	0.4821	0.495
输出转速/（r/min）	3.15	3.20	3.17	3.31	3.2
电机额定功率/kW	0.75	0.75	0.75	0.75	0.75
负荷程度/%	50.4	50.2	50.2	48.5	50
工作行程/mm	350	350	350	350	350
行程误差/%	1.4	0.57	0	0	0.5

3.7.5 结论

针对温室通风窗轻简化调控装备从实验室试验台和生产实际条件两个方面开展试验研究，主要包括用实验台进行性能测定、噪声测定、生产性能测定等，主要目的是通过试验优化提升其整体性能，改进其设计。由于此类装备除了在温室领域使用外，在办公写字楼宇等需要通风换气的建筑中也均有应用，因此开发设备除了考虑农业生产的成本因素外，如果针对其他智能楼宇使用，还要考虑体积小、噪声小、安装方便等因素。另外，轻简化和绿色节能开窗设备的开发也是重要的领域，借助太阳能、风能发电或储能，驱动装置实时调节，这种配套智能控制器是未来的重要发展方向。

3.8 温室栽培输送轻简化装备

随着我国工厂化现代农业的快速发展，作物生产也越来越趋向于规模化、机械化和智能化。为了高效利用温室空间，人们奉行精确控制、快进快出的原则，即通过精准控制环境参数和水肥投入，加快生长速度，尽量不占用设施苗床。这种生产理念会导致作物从催芽开始，经过播种、育苗、分钵等环节频繁地搬动位置，耗费大量人力物力，也会对作物造成人为损坏。因此，设施农业智能栽培输送是工厂化盆栽植物生产需要解决的重要环节。潘海兵等（2012）认为温室作物自动输送是实现机械化、轻简化育种和作物筛选的重要组成部分。通过智能化调度和安全、有序、数字化的输送，能解决全生育期的自动换盆、换行、水肥精施，以及盆栽植物表型参数的在线自动检测。如果很好地解决这一问题，可以实现穴盘、栽培钵等的自动传输，极大地提高工作效率，同时减少幼苗和盆栽植物因为搬运环节而造成的损失。目前，国外对盆栽植物智能栽培输送设备的研究已经相当成熟并形成产业化，如荷兰等设施农业发达的国家普遍采用计算机辅助决策、半自动或全自动式苗床和栽培容器智能输送系统。这些现代化智能技术在满足生产，解放劳动力的同时，也大幅度提高了生产效率和作业精度。

我国在盆栽植物等作物工厂化生产时采用的盆栽苗床通常是固定式栽培床，在栽培床两侧有作业通道，方便工人对温室作物进行灌溉或将成品苗搬运至另外功能区。这样的操作有诸多问题，如设施利用率低、人工劳动强度大、工作效率低、灌溉不均、作物品质不一致等。也有一些生产企业或种植基地采用移动式栽培床，只在设施单跨中留一条作业通道，使设施面积利用率由 40%～50%提升到 75%以上，但是这样的栽培床必须配套满足此种栽培模式的自动化灌溉系统才能生产。在作物生长收获时，传统的生产方式需要大量劳动力进行盆钵的搬运工作。因此，研制针对栽培苗床的智能化自动输送设备，实现温室内盆栽植物从幼苗到收获的全过程自动化，包括灌溉、施肥和输送，是解决劳动力需求大这一生产难题的重要方法。

温室栽培输送轻简化装备试验主要针对作业性能、作业效率和稳定性等用户非常关注的指标。本节对智能栽培自动输送设备的栽培输送速度、传送带系统的传输处理效率、每条栽培槽宽度等参数设计进行了测试。

3.8.1 系统原理和应用条件

1. 系统原理

温室栽培输送轻简化装备可根据作物的大小、颜色、高度等生理特性，自动将作物进行分类后运输到指定的每一道潮汐栽培槽内，进行潮汐灌溉种植，然后在销售时进行分级包装。系统主要包括电动机、水平运输带、栽培槽及其支架。水平运输带用于将作物输送至分级机的下方，另按照分级的级数还设置了相应条数的栽培槽，用于输送分级后的作物，其运输方向与主输送带的运输方向相互垂直，每条水平输送带都由独立的电动机驱动。图 3-26 是温室栽培输送轻简化装备实物。

图 3-26 温室栽培输送轻简化装备实物

2. 应用条件

温室栽培输送轻简化装备的试验主要针对智能栽培自动输送设备的栽培输送速度、传送带系统的传输处理效率、每条栽培槽宽度测定。实际试验地点在北京市通州区双埠头村试验示范基地。试验用仪器、仪表通过计量院年检。装备主要参数如下：

栽培输送速度：在 2～21m/min 无级调节；

传送带系统的传输处理效率：600 盆/h；

每条栽培槽宽度：200mm。

3.8.2 应用实例分析

1. 栽培输送速度测定

在温室中按照南北方向布置 33 条 U 形栽培槽，其中西侧布置 6 条作物苗栽培槽，每条栽培槽宽度为 200mm，栽培槽之间的距离是 100mm；沿着小苗栽培槽向东侧布置 27 条作物成品栽培槽，每条栽培槽宽度 200mm，栽培槽之间的距离是 300mm；南侧横向布置 18.4m 主输送带，用于将定植区和分级机输送过来的盆苗和分级后的作物输送到每条栽培槽内；北侧横向布置了 20m 主输送带，用于将成品苗和成品作物输送到分级机和包装机进行分级和包装。其中，南侧主输送带的输送速度可在 2～21m/min 无级调节。

在温室栽培输送轻简化装备南侧主输送带上的某一位置贴上标签，用卷尺量出 10m 输送带距离再做一标签，主输送带输送机配置变频器，选择 5 个频段，分别测量输送带传输的速度。启动南侧主输送机，设定变频器在第 i 个频段，从标签起点位置用秒表记录开始时间，并在 10m 位置标签处掐停秒表，记录时间 $T(s)$。反复测试 5 次，取平均值 M(s)，记录在记录表内，可以计算出栽培输送速度。

2. 传送带系统的传输处理效率测定

选取 50 个花盆，待智能栽培自动输送设备运行稳定，将花盆放在南侧主输送机的输送带上进行传输。选取其中 1 个栽培槽进行测定，当花盆运输到栽培槽前段的光电开关位置时，无杆气缸拉钩启动伸出，将花盆勾取到相应的栽培槽内，栽培槽的电磁离合电动机间歇性地将花盆输送到栽培槽内。记录无杆气缸勾取 50 个花盆所需的时间 T_i，每道栽培槽分别做 5 次，然后取平均值 $Q=(T_1+T_2+T_3+T_4+T_5)/5$，每传输勾取一个花盆时间为 $M=50/Q$，一分钟传输勾取花盆的数量是 $P=60/M$，一小时传输勾取花盆的数量是 $G=60P$。图 3-27 是温室栽培输送轻简化装备作物勾取装置实物。

图 3-27　温室栽培输送轻简化装备作物勾取装置实物

3. 试验结果及分析

温室栽培输送轻简化装备作业性能参数如表3-10所示，可知传送带系统的传输处理效率满足设计参数，最大输送效率比设计指标提高了40%，每分钟的作业效率是10盆，连续作业工作稳定。栽培输送速度通过变频器调节，频率为5～50Hz，设计5个等级速度，行进速度线性度一致。

表3-10 温室栽培输送轻简化装备作业性能参数

<table>
<tr><th>序号</th><th colspan="3">检测项目</th><th>技术指标</th><th>试验结果</th></tr>
<tr><td>1</td><td colspan="3">传送带系统的传输处理效率/（盆/h）</td><td>≥600</td><td>838</td></tr>
<tr><td rowspan="5">2</td><td rowspan="5">栽培输送速度</td><td rowspan="5">电动机驱动对应变频器频率/（m/min）</td><td>5Hz</td><td rowspan="5">2～21</td><td>2</td></tr>
<tr><td>10Hz</td><td>4</td></tr>
<tr><td>20Hz</td><td>8</td></tr>
<tr><td>30Hz</td><td>13</td></tr>
<tr><td>50Hz</td><td>21</td></tr>
<tr><td>3</td><td colspan="3">栽培槽宽度/mm</td><td>200</td><td>200</td></tr>
</table>

注：温室栽培输送轻简化装备的传输处理效率在变频器频率10Hz时测得。

3.8.3 结论

在温室实际生产环境中，从温室栽培输送轻简化装备试验的结果可得，温室栽培输送轻简化装备能够满足温室环境下潮汐灌溉栽培的需求，相比传统方式，其不但解决了劳动效率低的问题，同时也可一次性完成后续的施肥、灌水、分级等作业环节。因此，温室栽培输送轻简化装备是适合京郊推广的规模化、工厂化和自动化生产技术。

本章小结

本章针对温室植物生长期管理环节的8个重要环节展开论述，包含水、肥、药、靶标探测、药效管理、保温被装备、通风窗装备、运输装备，生动详细地介绍了设计原理和应用实例，对该领域的知识的学习及灵活运用具有重要指导作用。

第4章 收 获 装 备

4.1 大型温室自动化采摘研究概述

大型温室的快速发展对设施农业发展有重要的促进作用。一方面，规模化生产显著降低了单位农产品的生产成本；另一方面，规模化生产对设施智能装备技术快速熟化发挥重要促进作用。近年来，大型温室设施智能装备蓬勃发展，其中以自动化采摘、工厂化育苗等技术最具代表性，特点鲜明。

自动化采摘技术需精准机械化收获、识别定位方法、智能移动平台高度统一，是将工业技术和农业生产紧密融合后的成果。大型温室的发展对此类技术成果需求很大，究其原因，是随着劳动力短缺问题日益加重，目前温室基地已经很难找到熟练技术工人，而且将来温室基地对技术人才和熟练工人的需求会越来越大，有一种现象将会出现，即温室基地的建设水准不断提高，但缺乏熟练操作人员。要解决劳动力短缺的问题，自动化采摘技术在大型温室的规模化应用中将会成为唯一的解决途径，一是装备能不知疲惫地昼夜连续工作，农忙时节也可以连续作业，能显著提高温室生产效率数倍；二是装备的大规模应用能避免人的主观判断和个人经验对采摘品质的影响，采收的果实严格按照一个标准进行；三是装备的应用成本较低。如果计算了不断上涨的人工工资、各种劳动保险及人员流动带来的损失，再加上增产增收的利润，综合计算下来，大型温室自动化采摘装备在10年寿命期内的投入产出比是合理的。

4.1.1 国外研究进展

欧洲的设施采收装备开发以荷兰为代表。1996～2002 年，荷兰瓦赫宁根大学的采摘机器人研发团队在荷兰农业部的资助下，首次完成黄瓜采摘机器人研发。该机器利用图像识别区分黄瓜和叶片，特征波长选为 850nm，实现了黄瓜的成功采收。欧洲荷兰、意大利等多国联合在 2010 年开始甜椒采摘机器人研发，实现了多个品种的成功采收，如图 4-1 所示。

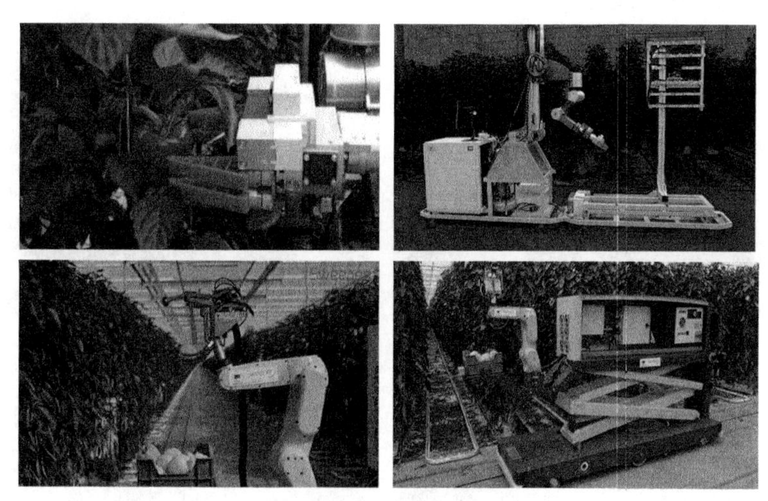

图 4-1 欧洲研发的甜椒采摘机器人

日本针对番茄采收装备的研究很有特色，分为成串采收和单果采收两种方式。番茄成串采摘目前主要以 KONDO 等采摘机器人的开发为代表，这种装备采收效率较高，缺点是无法进行成熟度筛选。当前绝大多数采摘机器人研究属于对番茄的单果采摘，但果实之间的贴碰与重叠遮挡严重，番茄果实的生长方位差异极大，导致单果采摘难度大。日本早在 20 世纪 80 年代初即开始了此类番茄采摘机器人的研发尝试，主要研究机构有京都大学、冈山大学、岛根大学、神奈川技术学院、大阪州立大学等及武豊町设施生产部等。这些机构都推出了番茄采摘机器人样机，日本该领域著名专家有近藤直、門田充司等。京都大学的川村登等最早开发了番茄采摘机器人，样机采用 0.52m/s、0.25m/s 的双速电动轮式底盘、5 自由度关节式机械臂和两指夹持器，利用单相机获取底盘的相对位姿移动实现对果实的定位，如图 4-2 所示。KONDO 等也开发了樱桃番茄单果采摘机器人，采用了电动 4 轮底盘和 7 自由度冗余度机械臂，开发了针对樱桃番茄的吸入-切断-软管回收式末端执行器，通过真空将樱桃番茄吸入软管，并由钳子合拢夹断果梗，番茄由软管输送到果箱。其不足之处是只适用于樱桃番茄、草莓等小果实的采摘，容易损伤果实。该机通过底盘上单相机的水平与竖直移动获得两幅图像，实现目标果实定位，采摘成功率为 70%。美国等其他国家的采收装备研究新颖性不明显（朱留宪等，2011；刘国敏等，2004；陶建平等，2014）。

图 4-2 日本研发的番茄采摘机器人

4.1.2 国内研究进展

国内近年来在采收装备方面取得较大进步，如图 4-3 所示。中国农业大学以商用履带式底盘为基础，开发了 4 自由度关节型机械臂和夹剪一体式两指气动式末端执行器，每一番茄采摘平均耗时为 28s，采摘成功率为 86%；国家农业智能装备工程技术研究中心针对吊线栽培番茄开发的采摘机器人采用轨道式移动升降平台，并设计了吸持拉入套筒、气囊夹紧进而旋拧分离的末端执行器结构，分别由 CCD（charge-coupled device，电荷耦合元件）相机和激光竖直扫描实现果实的识别和定位。其

番茄单果的采摘作业耗时约 24s，在强光和弱光下的采摘成功率分别达 83.9%和 79.4%。上海交通大学开发了双臂式番茄采摘机器人，安装了 2 只 3 自由度的并联机构式机械臂，并分别开发了传动滚刀式末端执行器和吸盘筒式末端执行器，利用双目立体视觉系统实现果实的识别与定位。江苏大学刘继展开发了多功能作业装置，实现了番茄采摘、现场分级、收集、运输和卸果的全程自动化作业（谌松，2017；南京农业大学，2014；郭晨星，2018）。

图 4-3 我国研发的采摘机器人

4.1.3 存在问题

未来大型温室将朝着智能装备规模化应用的方向发展，目前的装备发展还存在诸多问题，具体如下：

1）装备停留在研究阶段。目前学者研究的农业机器人大多采用工业机器人的思维方式，加上针对农业环境的图像识别系统，采用这种思路开发的机器人把温室的垄当成了工业流水线，与当前农业发展不相符。

2）装备产业化关键技术难题未取得大突破。采摘智能装备的主要问题是农业非结构环境下的果实识别，以及获取果实的空间三维坐标，其最大的难题是太阳光线强度的干扰。目前大多数研究避开了上述“卡脖子”技术，而去做低端重复的工作，采用工业机器人作为底盘，去开发不实用的机器人系统。

4.1.4 解决办法

大型温室要发展，首先要解决上述问题，具体途径有两种：

1）把采摘智能装备当成农业机械看待，从农业机械的角度来设计能批量生产的、成本不高的装备并投入生产中。在大规模生产中逐步培育和熟化，最终达到规模化生产的目的，制造出无与伦比的采摘机械明星产品。

2）依赖工业化技术的进步和突破，在图像处理方面创造出更好的芯片、更好的计算速度来降低温室非结构环境下的图像计算硬件门槛，进一步大规模应用芯片，研制出价格更低的识别模块，并进行规模化的生产和应用。

4.1.5 发展趋势

未来大型温室对自动化采摘装备的需求持续高涨，新技术的出现将不断促进该领域的快速发展。该领域发展将呈现新的趋势，如下：

1）分体式自动化采摘装备将成为研究热点并很快在市场上出现。分体式装备是使精准机械化、识别定位方法、智能移动平台三大结构实现功能分离，设计成独立的机构，可以快速连接成一体，即如同搭积木一样可以单独对 3 个平台进行组合。不同型号系统的平台之间可以交换使用。根据作业需要，一个系统的 3 个平台可独立工作，也可分开作业。每一个平台都如同拖车一样快速挂接在拖拉机上，实现随用随组合，用完再分开单独保养和存放。

2）果品分级将和自动化采摘同时完成。目前采收后再进行分级的做法存在二次劳动，增加劳动力支出和果实破损的风险。采摘的同时根据订单质量要求进行有目标的采摘，能彻底解决该问题。

4.2 收获多功能平台

温室生产是农业领域劳动密集型的行业，温室的高温高湿环境，频繁的大强度劳动及登高、搬运化肥、果实等工作要求，使得温室农业生产的劳动力付出超过一些工业环境，并最终导致劳动力成本居高不下。采用自动化的农业装备，减轻劳动强度，提高作业环境的舒适性，充分

利用温室现有的空间和条件，实现资源的高效利用，是解决上述问题的一个有效手段。

基于此，收获自动化装备成为研究的重点之一。以色列在采摘收获装置方面进行了尝试，设计开发了一种行走装置，其配备2.5m长的机械臂来进行收获作业，控制部分通过摄像头获取图像在计算机运算分析后，根据结果遥控机械臂完成采摘作业（夏天，1997）。出于成本考虑，设计开发收获多功能平台能显著降低成本，有较好的应用前景。

4.2.1 设计原理

收获多功能平台具有采摘、喷药、搬运等多种功能。第一，采摘功能。温室的采摘作业往往需要登高，目前大多采用梯子、方凳等工具，作业时不但容易摔倒，造成人身危险，劳动效率也比较低。因此，有必要研发专门的采摘平台，从而高效、安全地完成采摘工作。第二，喷药功能。温室喷药要实现药液喷洒全覆盖不留死角，防治彻底，同时要解决喷药过程中农药雾滴落下掉在操作人员身上引起的人身安全问题。设施温室环境中，对病虫害的防治以预防为主，因此生产过程中对喷药作业的需求和依赖较大，存在预防性施药作业频繁等诸多问题。第三，肥料搬运等工作能够借助多功能作业平台来完成，也是比较理想的设计思路。

基于以上生产现状和需求，作者团队研发了一款温室喷药采摘作业多功能平台系统。图4-4是收获多功能平台系统原理。通过在行走底盘上加装多种作业装置，能同时实现收获采摘、喷药等多种作业功能。通过电动机驱动，可以实现移动收获、自走控制和升降控制。这些辅助的省力装置都能有效提高作业效率。其中，升降装置可以采用电动推杆抬升，通过控制器随时调节高度，这样可以在行走时比较灵活地调节高度；也可以简化为手动调节，通过滑动套管的螺纹孔来调节作业平台的高度。

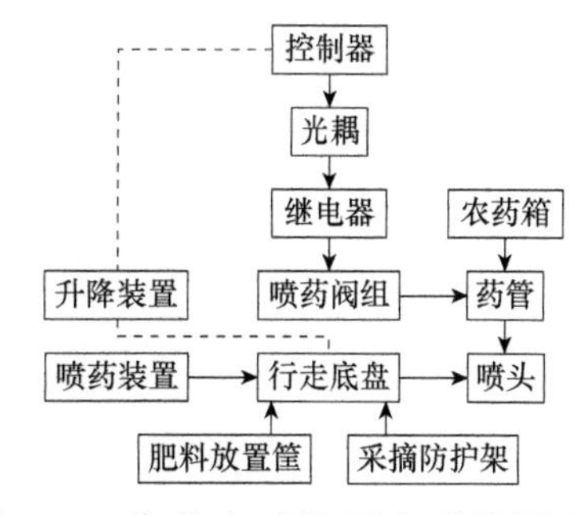

图4-4 收获多功能平台系统原理图

4.2.2 应用实例

图 4-5 温室手推式收获多功能平台系统装置实物

温室收获多功能平台的设计完全针对京郊连栋温室种植蔬菜种植架构高的特点开发，收获采摘过程中通过升降平台的自由升降，实现高架条件下作物果实的采摘；喷药过程中不需要高举喷杆，避免传统方式喷药时雾滴沉降在作业人员的身体上；肥料运输方便快捷。图 4-5 是温室手推式收获多功能平台系统装置实物，其可以比较方便地搬运其他农业物资。

其立柱设计为梯子型的结构，通过反复计算，底盘的设计可保证正常作业条件下，作业人员从侧面的梯子攀登，不会引起侧倾，作业人员在平台上喷药、采摘都比较容易。防护栏根据身高设计为腰部以上位置，作业人员探出上身仍然相对安全。

考虑底盘行走的安全性和平稳性，加大轮间距和前后轮轴距；设计了用于锁止的支撑轮，并设计了特殊的装置，解决作业时装置不会在地面上移动及充气轮子负重不平稳的问题，如图 4-6 所示。高度通过 4 个立柱的螺栓孔进行调节，手动升降到合适的位置后，再依次紧固。4 个立柱设计为可以组装拆卸的方式，方便运输，也方便根据客户的需要更换电动升降的剪行结构。

图 4-6 收获多功能平台系统底盘设计

设备主要参数如下：平台最大工作高度为5m，升降台提升高度为3m，最小离地间隙为60cm，平台额定载荷为240kg，整机长度为1.65m。

4.2.3 结论

该作业平台在北京市小汤山特菜基地进行了示范应用，实际工作中能较好地满足施药采摘作业需求。通过增高系统的行走底盘，实现了系统对不同地面较好的适应性。

针对京郊现代化温室没有固定的行走轨道、设备维护技术人员欠缺的现状，作者团队研究开发了人工推动行走的轮式喷药采摘车，利用人力推动在温室内部行走，采摘人员可以根据采摘作物的高低，通过调整采摘梯的高度实现采摘高度的自动调节。这种装置能有效地满足实际生产中的大部分问题，当然也存在诸多不便，如施药过程中下面推动小车行走的人员会受到农药雾滴沉积的威胁。因此，团队进一步开发了温室轨道自走式喷药采摘装置。但单纯从维护复杂程度和技术要求来说，简化的人推动装置使用更简单，成本更低，更有利于推广应用。

4.3 收获电动运输车

目前，国内设施农业环境生产过程中，物料运输大多以人力或非专用设备搬运为主，搬运人员往返于温室狭小区域，需要将收获用果实筐、育苗穴盘和肥料等在不同区域之间进行搬运，工作重复枯燥，劳动强度大，作业效率低，而且人工搬运容易造成果实和种苗的损伤。

国外多采用专业的收获运输装备。例如，荷兰、日本等在大型连栋温室内部铺设轨道，收获运输车行走于轨道之上，并通过轨道实现导向，从而代替人工实现物料机械搬运。

从我国国情出发，收获运输的装备研究要适应我国现阶段设施温室发展的现状。我国目前日光温室空间狭窄，温室内部铺设轨道的改造成本较高，设备购置和维修投入经费有限，国外大型轨道式运输车结构不能充分满足实际使用要求。本节针对温室内农业生产过程中的收获运输搬运作业，开发了一种收获电动运输车，为适应温室地面不平整、空间狭小的特点，采用紧凑简洁的设计方案，达到省力高效的目的。

4.3.1 设计原理

收获电动运输车整体结构如图 4-7 所示，运输车整体由车架部件、驱动部件及导向部件构成。其中，驱动部件包括电动机、飞轮、链条、驱动轮、从动轮，电动机通过链条带动飞轮旋转。驱动车轮固定在轴上，二者同步旋转，轴的另一侧与从动轮通过轴承连接，从而实现驱动轮与从动轮不同步旋转，有利于保证运输车灵活转弯。导向部件包括方向盘、方向盘连接件、把支撑杆及导向轮，其中把支撑杆下端通过法兰与导向轮固定连接，上端通过紧定螺钉与方向盘连接件固定，方向盘连接件上端面固定方向盘。把杆上下端各安装止推轴承一个，轴承外圈与把支撑把内孔固定在一起。由于车架前端固定于把支撑杆，车架压力通过止推轴承传递至导向轮。方向盘下方安装有控制盒，其内部有运输车调速控制器、开关锁及调速旋钮等电器元件。

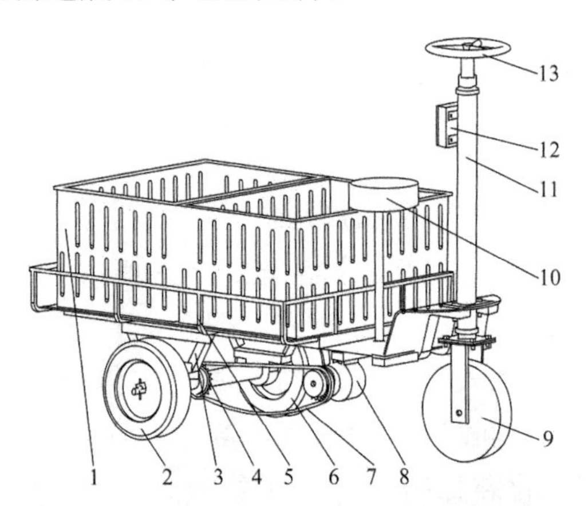

1——果实筐；2——驱动轮；3——支撑架；4——飞轮；5——车厢架；6——从动轮；7——链条；8——电动机；9——导向轮； 10——座椅；11——把支撑杆；12——控制盒；13——方向盘。

图 4-7 收获电动运输车整体结构

4.3.2 应用实例

作者所在团队根据京郊实际生产需求开发了一种专用的收获电动运输车（图4-8）。该电动运输车针对长、宽、高分别为600mm、400mm、300mm的果蔬筐规格，设计车总长1.2m，宽0.67m，车厢高0.4m，载荷150kg。收获电动运输车采用铅酸电池作为动力，每次充电后，可连续工作2h以上。

应用实例中，操作人员坐在运输车座椅上，手握方向盘控制方向，旋动开关锁接通电动机电源，通过调节调速旋钮可以对车移动速度进行调整。运输车结构紧凑，驱动灵活，可充分适应温室内部空间狭小、转弯频繁的现状。电动机驱动省力高效，有利于减轻传统人工搬运的劳动强度，提高生产效率。其通用性好，用途广泛，可应用于农业生产过程各种环节的物料运输。

图4-8 收获电动运输车实物

4.3.3 结论

针对京郊劳动力缺乏、温室作业强度大的问题，尝试在温室作业中采用收获电动运输车，实现高效、轻便、易于操作的收获运输作业。蓄电池驱动的智能农机具由于具有清洁、不用拉线、易于推广等优势，得到京郊农机推广部门重点关注。

团队研究开发的收获电动运输车在解决搬运果实的生产需求的同时，也考虑加装了对应传感器，如超声传感器，实现行驶中遇到障碍物紧急制动，避免碰撞；作业路径可采用射频识别（radio frequency identification，RFID）卡，可实现按照设定的程序自主引导路径；机械臂装置实现自动装卸；红外传感器实现对靶作业。信息技术和农业机械装备的结合将成为设施农业的下一步发展热点。

4.4 收获机器人系统

在设施环境中的栽培蔬菜水果因其反季节、高产量的特点，在世界各地快速发展。为保证其食用和外观品质，需要在收获期分时段多次挑选采摘。目前采摘作业仍以人工作业为主，劳动强度大，工作效率低，并且随着老龄化及农业劳力转移，采收成本也逐渐增加。

为提高采摘作业自动化水平，自20世纪90年代开始，日本率先研制高架栽培果实自动化采摘设备。KONDO等于2010年研制的果实采摘设备采摘成功率为41.3%，单循环作业耗时11.5s。然而，由于农业环境不稳定性、作业对象分布不规则及个体差异大等客观因素限制，目前智能采收设备研究仍处于试验样机阶段。本研究针对果实高架栽培模式，设计了可进行双侧高效采摘的机器人系统，主要对其中各功能部件进行设计和集成，并制定系统作业流程。本系统采用无线遥控和语音提示交互方式，可满足观光农业和科普教育领域的示范需求。采摘机器人系统由双目视觉相机、关节型采摘机械臂、轮式移动平台、系统控制器和柔性末端执行器5部分构成，如图4-9所示。

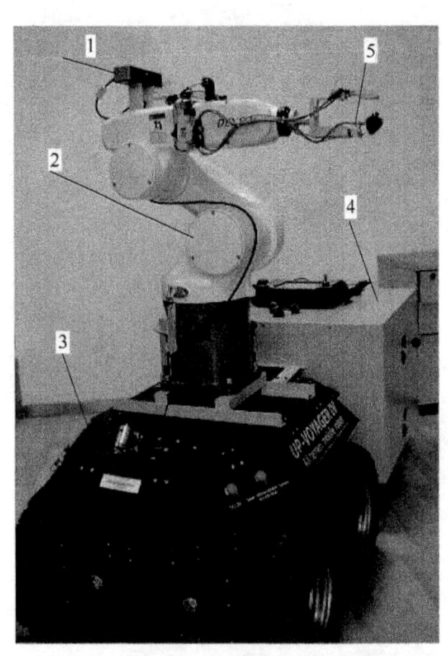

1——双目视觉相机；2——关节型采摘机械臂；3——轮式移动平台；4——系统控制器；5——柔性末端执行器。

图4-9 采摘机器人系统

果实高架栽培因其结构化种植特点，有利于减轻劳动作业强度，改善果实食用品质，近几年受到广泛推广。果实采用标准化方法种植于栽培槽内，并由栽培架固定支撑。采摘机器人行走于栽培架行间，同时对两侧果实进行采摘。果实主要分布在高度距地面850～1070mm，深度范围为200mm的空间区域内。

4.4.1 设计原理

1. 感知移动平台

收获机器人系统采用大功率四轮驱动小车作为系统承载移动平台，以适应农业环境中的不平整地面。移动平台前端安装彩色摄像机，感知行走路面彩色导航路标，保证收获机器人在果实栽培架行间中央自主移动。

2. 果实识别定位模块

果实识别定位模块采用Point Grey公司Bumblebee2系列双目视觉相机。该相机在工作视距为700mm时，有效视场为500mm×500mm，空间定位精度为±1mm，可满足收获机器人系统目标定位要求。根据双目相机采集的两幅果实彩色图像特征，研究基于果实色彩和形态的目标识别算法，实现复杂背景下果实目标的特征提取，并以此作为图像特征匹配参数，利用三维测距算法，得到果实空间坐标。

3. 采收机械臂

采收机械臂负责末端执行器操作和定位，其运动精度和速度直接决定系统收获效率。综合考虑收获机器人视觉定位相机视场区域大小及果实种植模式，选用DENSO小型关节型机械臂，其最大运动半径为650mm，末端载荷为5kg，点位往复运动时间最快0.4s，重复定位精度为±0.02mm；同时，其关节型构型空间区域运动灵活，有利于满足果实栽培狭小作业环境要求。

4. 末端执行器

由于果实表皮非常柔嫩，直接夹持果实容易造成果皮损伤，影响果实品质，进而影响后续加工、储藏。收获机器人由吸附果实、夹持、切割果柄3个主要部件组成柔性末端执行器。果实吸附部件采用风琴式吸盘，果柄夹持部件由平行开闭型气爪、夹持垫片、夹持手指构成，果柄切割部件由切割刀片和垫板构成，切割部件安装于夹持部件上方，随夹持手爪开合实现切割。

5. 系统控制

收获机器人控制系统负责感知移动、果实识别定位、机械臂控制及末端执行器控制 4 个程序模块及接收发送控制信号。图 4-10 所示为收获机器人控制系统构成。收获机器人输入设备有双目视觉相机和路标识别相机，分别通过 1394b 总线、USB 端口与机器人控制器相连接进行数据通信。控制器通过 RS-232、A/D 模块对机械臂和末端执行器状态进行控制。

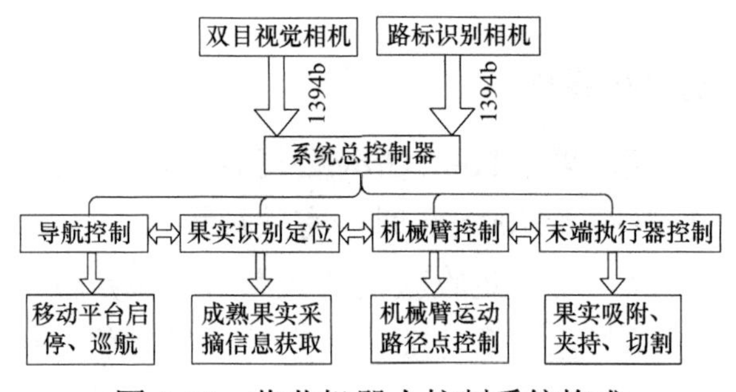

图 4-10 收获机器人控制系统构成

4.4.2 应用实例和分析

1. 应用实例

收获机器人进行田间生产应用时，系统启动后，应用程序加载各功能模块并进行初始化设置，按下遥控手柄启动按键后，感知移动平台驱动收获机器人系统自主行走 4s 后停止前进，果实识别定位模块首先对机器人左侧果实进行识别定位，并将视场内成熟果实序列空间坐标发送到机械臂控制模块。机械臂据此将末端执行器定位置至果实位置，完成果实吸附、夹持及切割后，放入果实筐，完成单个收获循环。如此继续，直到左侧视场所有果实收获完成，机械臂恢复至初始位置腰关节旋转 180°，开始对右侧果实进行收获。右侧视场果实全部收获完成后，机械臂复位，移动平台开始前进继续采摘作业，直至通过遥控手柄结束采摘。

2. 收获机器人系统分析

为了验证收获机器人系统作业精度和效率，在室内简单背景环境下使用该系统对其两侧各 4 个果实进行采摘，采用秒表记录作业过程耗时情况。收获机器人作业结果如表 4-1 所示，其中（*x*，*y*，*z*）为果实相对机械臂坐标系空间坐标值；序号 1、2、3、4 为左侧果实，其余为右侧果实。

表 4-1 收获机器人作业结果

序号	坐标（*x*，*y*，*z*）	收获是/否成功	耗时/s
1	（−98.6，394.3，655.3）	是	42.20
2	（−21.3，368.4，692.6）	是	
3	（116.6，415.95，653.6）	是	
4	（−204.2，399.7，622.4）	否	
5	（−195.6，−381.7，746.4）	否	45.73
6	（7.5，−366.8，748.5）	是	
7	（106.2，−338.7，547.8）	是	
8	（173.4，−374.9，540.5）	是	

由试验结果可得，采摘成功率方面，8 个果实其中有 6 个采摘成功，4、5 号由于处于视觉系统视场边缘，定位误差增加，从而造成末端执行器吸盘吸附固定失败。作业效率方面，由于右侧果实采摘时间包含机械臂腰关节自左向右旋转过程耗时，因此时间稍长，系统完成单个果实收获平均耗时 10.99s。

4.4.3 结论

为提高果实收获自动化水平，团队针对高架栽培果实设计了一种新型自动收获机器人系统，对机器人两侧果实同时进行采摘。系统采用机器视觉方式实现自主导航，通过双目视觉相机对果实进行识别和空间定位，由关节型机械臂操纵末端执行器进行定位。系统末端执行器采用吸附果实、夹持和切割果柄的方式对果实进行柔性操作。根据实际需求制定收获机器人系统作业流程，保证机器人作业高效有序。试验结果表明，果实收获机器人系统采摘成功率达 75%，单次收获作业平均耗时 10.99s。

4.5 收获后温室秸秆废弃物预处理装备

收获后温室秸秆废弃物的利用是一个关键问题，处理不当会引发病虫害的二次传播，导致温室园区的点源和面源污染；合理的利用会使其变废为宝，成为可循环利用农业生产资料。

收获后温室秸秆废弃物的传统处理方法为焚烧等，但会产生烟雾，而且需要晒干，占地多，效率低，不适合农业园区作业。采用沼气池发酵能实现生物质资源的二次循环利用，如果配套设施齐全，可产生较好的经济效益。无法建立沼气池发酵的园区，可考虑对秸秆等废弃物先进行粉碎预处理，然后加入药粉进行堆肥，生产生物肥料，再进行循环使用。

循环利用前，收获后温室秸秆废弃物预处理是无法避开的环节。收获后温室秸秆废弃物预处理可以提高利用效率，也有助于促进下一步废弃物利用过程的标准化和规范化。收获后温室秸秆废弃物的预处理需要创制配套的装备，通过成套装备实现预处理过程的机械化作业。

4.5.1 设计原理

收获后温室秸秆废弃物预处理装备由独立的两部分构成，如图 4-11 所示。一是粉碎部分，包括粉碎箱、输送器、输送道和输送链，主要用来将西红柿等高大作物收获后的木质秸秆切割粉碎，可牵引移动到田间

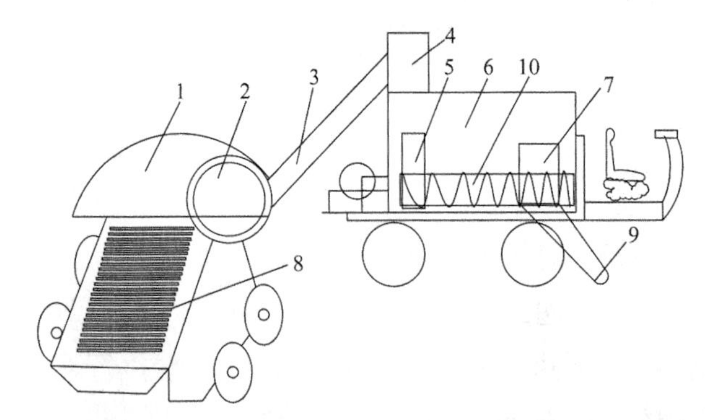

1——粉碎箱；2——输送器；3——输送道；4——观察窗；5——消毒箱；6——储存箱；7——卸料器；8——漏斗；9——输送链；10——绞龙。

图 4-11 收获后温室秸秆废弃物预处理装备结构

地头作业；第二是处理储存部分，包括观察窗、消毒箱、储存箱、卸料器、漏斗和绞龙，主要用作粉碎秸秆的后处理及储藏搬运。

4.5.2 应用实例

1. 系统特点

该系统有5个特点：①采用分体式结构，粉碎部分可牵引移动，输送道可折叠；②自主行走功能，储存部分可以在行走运输过程中完成加药消毒后处理；③解决秸秆堵塞难题，粉碎箱刀具结构合理，输送器直接抛射粉碎物到储存箱；④处理后可直接装袋，消毒后处理的粉碎物在绞龙驱动下从漏斗直接装袋堆肥；⑤每个部分可单独工作或组合为系统快速连续作业。

2. 作业方式

收获后温室秸秆废弃物预处理装备整机实物如图4-12所示。采用车厢式结构设计的粉碎部分可以直接固定在三轮车后面牵引行走，其车辆幅宽较小，在田间地头道路或园区行走方便，适合移动作业。粉碎部分和处理储存部分组合后可快速工作，操作简单快捷。其结构设计紧凑，适合大型基地高效率作业。

入料口采用全金属结构，固定紧密，结构合理，输送链（图4-13）和旋转切割粉碎刀具配合紧密，粉碎箱工作时秸秆可连续输送，粉碎箱中没有异响，系统工作稳定。

图4-12 收获后温室秸秆废弃物预处理装备整机实物

图4-13 收获后温室秸秆废弃物预处理装备金属输送链

3. 功能扩展

消毒装置（图 4-14）可单独加装在车厢尾部，设计为内置式结构。用加药器添加其他粉剂农药或发酵剂，对粉碎后的秸秆进行多种复合处理后再综合利用。处理作业全部在移动的三轮车上完成，成品可通过按下控制按钮后从漏斗灵活输出，非常方便。

作业前的装置如图 4-15 所示。通过移动三轮车底盘可进行方便的移动，其总高度低于 2.3m，基本满足道路限高要求，可停在温室操作室门口，搬运出来的收获后秸秆立即进行粉碎处理，杜绝搬运不便及带来的二次污染。

图 4-14　收获后温室秸秆废弃物预处理装备消毒装置

图 4-15　收获后温室秸秆废弃物预处理装备作业前的准备

4.5.3　推广

2014 年 8 月 8 日，在顺义木林镇贾山村绿富农专业合作社开展现场演示和技术培训时，该机现场作业效果得到种植户一致认可。从实际作业结果可知，没有完全干枯的西红柿秸秆粗大，并且有部分木质化。在实际粉碎处理过程中，收获后温室秸秆废弃物预处理装备可以连续作业，其间没有发生堵塞情况，但需要根据秸秆的含水量及大小决定送料量及速度。如果含水量较大，则需要减少输送量，采用单颗输送，避免整团整簇地进料。

收获后温室秸秆废弃物预处理装备作业前的秸秆如图 4-16 所示，作业后的秸秆如图 4-17 所示。由作业前后的秸秆对比可知，粉碎物细碎程度适于进行二次利用。这种废弃物的循环再利用技术路线能提高资源有效利用效率，对于低成本运行现代温室是富有成效的探索。

图 4-16 收获后温室秸秆废弃物预处理装备作业前的秸秆

图 4-17 收获后温室秸秆废弃物预处理装备作业后的秸秆

4.6 收获后温室废弃物有机肥造粒机

温室藤蔓及果实、枝叶等废弃物是病菌传播的载体，也是一种生产垃圾，处理不当会对后续生产带来病菌滋生等不好的后果，是生产中较难解决的一个问题。废弃物再利用是一个重要的方向，通过形态改变、粉碎、消毒、发酵等环节后，这些生产废弃物就会成为绿色无公害的肥料，被再次投入生产中去，发挥重要作用。有研究文献对藤蔓等废弃物粉碎及发酵进行试验（闫国琦等，2008），证明温室废弃物再利用对于空间有限、连续生产的温室环境是非常适合的。

温室废弃物深加工为颗粒有机肥是一个很有价值的尝试。通过将废弃物粉碎成 2～5cm 的碎片，经过堆肥后腐烂，再消毒，即可成为可以使用的基质及肥料。进一步将其烘干后，可以将碎片粉碎成更小的颗粒或粉末，通过添加其他养分元素及黏结剂后采用挤压方式将其制成圆柱条状，使之成为标准形状的有机肥颗粒，这样会大幅提升其外观品相，使之真正成为能被市场接受认可的通用肥料，将会对废弃物的再利用产生深远的影响。肥料的形态从圆柱条状变成球形，在辅助添加植物色素后，其受欢迎程度也会提高。

4.6.1 设计原理

收获后温室废弃物有机肥造粒机采用对辊挤压方式，利用两个辊子的间隙变化和转动速度来挤压生成颗粒，通过更换不同规格和模具的辊子制成不同形状和粒径大小的颗粒，再通过回转釜使之成为球形；同时，可通过在回转釜内添加不同的药剂及其他营养液及色素，使之成为彩色球形有机肥。

通过单独可调节的进料器将干燥粉碎的小颗粒或粉末加湿后输送进来，挤压后形成圆柱条状，然后通过输送机构切断成小段，进入回转釜中进行球化，添加黏结剂和营养液后，使之在合适的温度下成型。通过控制器调节回转釜转速、黏结剂添加量和出料量，使之在合适的造球粒径大小和颗粒均匀度范围内进行工作。利用热风机对其进行干燥，避免太湿，发生颗粒黏结。通过振动器使成型的球形颗粒排出。收获后温室废弃物有机肥造粒机结构如图 4-18 所示。

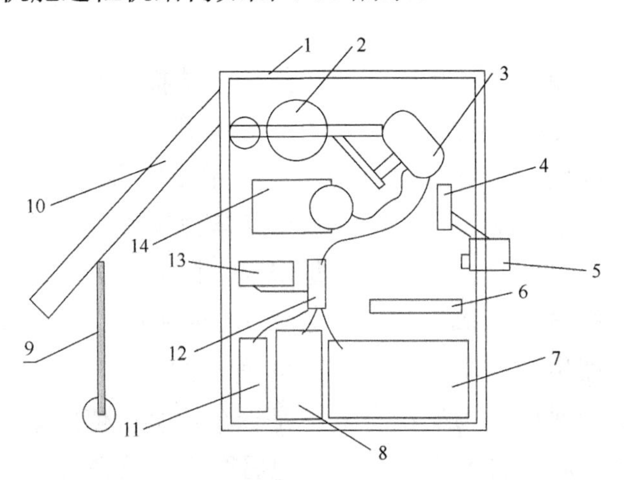

1——机箱；2——双辊；3——回转釜；4——振动器；5——出肥口；6——通风机；7——营养液箱；8——黏结剂箱；9——调节轮；10——进料器；11——色素箱；12——液体泵组；13——控制器；14—热风机。

图 4-18 收获后温室废弃物有机肥造粒机结构

4.6.2 实例控制流程

收获后温室废弃物有机肥造粒机控制流程可根据实际作业的过程确定，可以直观看出控制器对于造球功能发挥决定作用，主要包括造粒形态及造粒质量。相比传统的人工调节回转釜速度，控制器调节可以同黏结剂添加配套，控制合理性和精度都得到提高。由于温室废弃物水分及成分复杂，首先要根据加工方式及材料特性来确定颗粒的黏性。经过测试得出需要添加的辅料比例，确保球化时不会因为水分过大而发生变形及黏结现象。但干燥程度过大会发生颗粒破碎的问题，因此需要经过测试校准，将需要添加的辅料比例调节在一个合适的值。

4.6.3 实例实践

前期实际测试中发现作业的诸多参数需要反复调整，回转釜的作业速度过快，工作效率高，球化的效果较好，但是对水分及黏结剂的比例要求较高，不合适的添加剂比例反而会引起颗粒大小不一，品相非常不好。图 4-19 是收获后温室废弃物有机肥造粒机实物。按照设计图进行改造后，可实现常温下造粒作业每小时生产效率为 1.2t，造球颗粒的粒径可控制在 3～8mm，基本能满足西红柿藤蔓枝叶粉碎后的球形造粒规格要求。但粉碎的藤蔓颗粒过长会引起颗粒粒径大小不均、差异较大的问题。其引发的后果有：一是品相不好，影响后续销售；二是容易发生小颗粒黏结在大颗粒上的现象。其解决办法有：一是降低回转釜速度；二是调节合适的添加剂比例；三是通过增加不同目数的筛子进行分选。

图 4-19 收获后温室废弃物有机肥造粒机实物

4.6.4 结论

通过紧凑结构设计和控制流程优化，实现温室废弃物有机肥造粒机的开发。主要结论如下：

1）回转釜速度降低会降低造粒效率，但是造粒品相提升。

2）调节合适的添加剂比例对于提升造粒效果有很大影响。

3）增加不同目数的筛子进行分选后可提高造粒的均匀性。

本 章 小 结

本章围绕温室收获关键装备的薄弱环节，从研究进展、多功能平台、电动运输车、机器人、收获后秸秆处理、废弃物造粒6个方面系统阐述了设计原理和开发实例，对于全面掌握该领域核心的关键装备有较大帮助。

第5章 趋势展望

5.1 共享模式趋势：互联网＋农机租赁模式下的设施小装备高效示范推广

设施农业不断朝着机械化和智能化的方向发展，劳动力成本不断提高加速这一进程。农业机械化发展有其自身特点，尤其是设施农业装备更加特殊，其小型化、便携式、高频性、周年性等特点对设备的推广、后期的运维提出一些更加细致的要求，如设施装备保养周期间隔比大田机械短很多、电动喷药机超过 2 个月不充电就会引起电池过放电而无法正常使用等。大田农业机械已初具规模，市场相对成熟，农机销售服务等环节和温室作业机械的市场存在显著差异（闫国琦等，2008；时玲等，2004），这些新的差异及互联网发展的契机都需要我们认真思考。开展农机租赁是农业发展非常迫切的一项事业，其合理性及市场潜力都得到了人们认可。总体来说，农机租赁减少了农机、财力的占用，为农户和涉农企业低成本筹措资本和采购新设备提供了方便；提高了生产要素的使用效率和资金利用率，为更有效地配置农机资源提供了一条新途径。因此，人们有一个广泛共识，即农机租赁是加速实现农业机械化的重要途径（朱留宪等，2011）。但如何开展农机租赁业务，加速实现农业机械化，尤其是设施农业机械化和装备化是值得思考的。如何用互联网撬动这里面的利益关系，借助互联网＋农机租赁模式，在“加速”这两个字上做文章，借助金融投资来整体运作（刘国敏等，2004），其市场发展的潜力是非常值得期待的。

5.1.1 共享模式

农机推广面临的最大问题是采购资金的来源和装备的后期维护，而目前市场上已有的方式存在诸多问题。例如，农机补贴实行“全额购机”定额补贴政策，不适合规模化的设施小装备推广。另外，可以选择银行贷款来批量采购设施小装备，但会面临银行贷款审批时间长、手续多、有效抵押品很难办理、还贷周期与农业生产周期不匹配的问题，结果是温室种植合作社难以获得贷款，或无法承受资金成本和还贷压力（陶建平等，2014）。对比上述两种模式，兼具融资、融物功能的农机租赁对农户来说非常合适，尤其适合温室种植户和种植合作社，其将“花小钱办大事”变成现实（谌松，2017），再通过互联网的形式加速成本回收，非常适合设施小装备的应用。这种互联网＋农机融资租赁模式能够把农科院所的研发和装备推广后的维护结合起来。农机租赁共享的流程如图 5-1 所示。

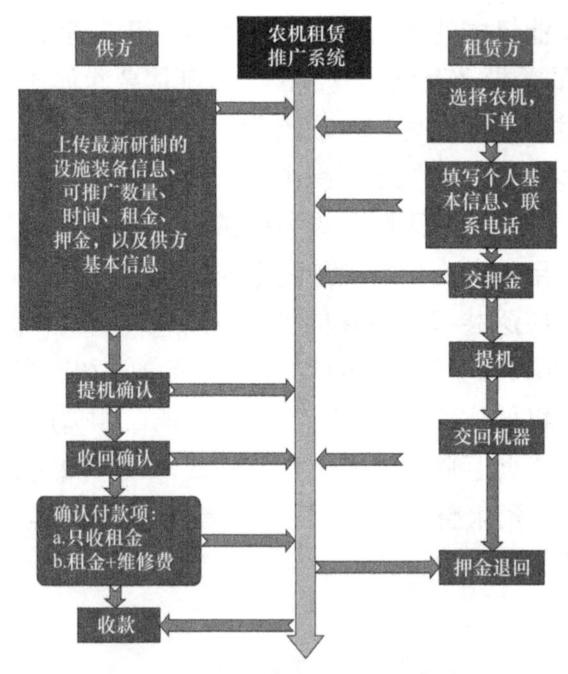

图 5-1 农机租赁共享的流程

5.1.2 推广模式

1. 资金来源

将温室小农机装备作为有效抵押品，可以促使租赁业务手续相对简便，对种植合作社的信用要求、首付比例、融资额度、抵押物、申请手续、手续费用等方面“门槛”更低。租赁的还款方式灵活，尽量做到还款周期与农业生产周期相对匹配，努力做到补贴资金兑现，在秋收等关键点进行费用处理，大大减轻了农户、合作社的还款压力。

2. 装备后期维护

采用谁受益谁维护的技术思路，设施农业小装备的所有者可以自己通过手机 App 收费，自己承担维护费用；也可以通过合作社统一收取租金，统一维护。在作者团队开发的手机 App 中，农户在选择性地上传身份证、户口本、土地承包证、农村房屋产权证等证明身份的资料后，经软件平台审核，即可注册一个可获得租金的账号。后期农户在平台出租自有的温室精准喷药机、温室多功能收获平台等温室小装备就可以实时收获租金，对于维护而言，农户所拥有的设施农业装备就具有了变现的能力。解决推广和维护的这两个难题，把收益的关系再梳理，温室小装备就会从“烫手山药”变成“金蛋蛋”。

5.1.3 融资模式

单纯的农科院所和合作社做不到规模化，而要做到设施小型装备高效示范推广，融资是下一个需要解决的问题。对温室装备推广而言，融资的目的是重新构建一个装备产权的平台，邀请第三方来投资生产，农科院所和合作社配合完成。通过市场化的公司主体对农科院多年来熟化的小装备进行评估，审核通过后，投资人的资金就可以用来大批购买合作社选定的设备，并将它出租。种植户根据需要随时选定空闲的装备并有偿使用，收费可以在一定范围内根据装备受欢迎程度有上下 20%的浮动，这样做可以调节装备的使用频率。这种模式具有融资、融物双重职能，对于温室小农机推广来说，租赁方式可以克服目前规模化推广难题，加速其推广进程。这样做还可以将农科院所解放出来，并使得科研成果加速被市场接纳，由天使投资人加速推进成果规模化应用。

5.1.4 实践探索

作者团队开发的手机 App 具有定位功能并可以远程关闭机器，查看装备作业状态，保证了机器所有者的控制权。同时，还可以通过手机 App 查看实际租赁客户对所租赁和使用机器性能的评分，增强用户之间的互动性。此外，还可以查看机器的分布，使得公司实体把控数以万计的农机小装备，这对投资人宏观统计分析会很有帮助，有助于争取到下一轮的投资。而农科院所能依靠科技成果造福农业，并获得知识产权收益，对持续深入的研发非常有帮助。以上分析说明该系统是可行的。

5.2 人工智能趋势：农业双足步行机器人的未来

一个现代化的超大型温室分区种植多种不同品种的植物，十几个工作人员整齐有序地穿行其中，每个人都进行各自岗位的工作，如果相遇都彬彬有礼地绕行，工作场景繁忙而有序。走近一看，这些工作人员居然全都是农业双足步行机器人。这种构想未来都可能变成现实。

农业双足步行机器人为什么首先在设施农业环境中应用呢？主要原因如下。

1）农业双足步行机器人对步行环境的要求非常低，能适应各种台阶、地垄及窄小坑洼不平的路面，移动的盲区非常小，地面的轨道和水管甚至农具都不会对其产生影响。

2）农业双足步行机器人具有很大的活动空间，可以认为人能走到的地方，农业双足步行机器人也能走到；加上农业双足步行机器人可以多段伸缩、可灵活更换的机械臂，其作业空间远超过人类。

3）农业双足步行机器人采用的步行方式是迄今为止最为复杂但是最为优越的结构方式，传统的轮式机器人在设施中的行为受到诸多限制，

其发展面临无法逾越的瓶颈，而农业双足步行机器人利用其步行结构的优势可以轻松解决这些限制。

4）设施环境的高产出、高劳动强度及周年生产的方式，加上比较方便的自动充电器放置，都为农业双足步行机器人的使用提供了有利条件。

农业双足步行机器人将成为设施农业的亮点，这是由设施农业的自身特点决定的。本节根据农业双足行走机器人的特点，阐述其在设施农业上的发展方向，结合国际上最新的理论和观点，对农业双足机器人的最新研究与设施农业结合发展趋势做了详细的展望。

5.2.1 双足步行机器人

双足步行机器人的研究始于20世纪中期，通用公司最先进行平衡系统的尝试之后，南斯拉夫科学家研究了重要的稳定判据理论。Kajita 于1990年研制成功五连杆平面型双足步行机器人 Meltran-I，采用轨道能量守恒和超声波视觉传感器实时获取地面信息，成功地实现在未知路面上的动态行走；1986 年郑元芳在美国克莱姆森大学研制的步行机器人 SD 具有 8 个自由度，实现了平地上前进、后退及左右侧行、动态步行；哈尔滨工业大学1986年研制成功静态步行双足机器人 HTII，其高110cm，重70kg，有10个自由度，可以实现平地上的运动及上下楼梯。

仿人形机器人是在双足步行机器人的基础上发展起来的。20世纪70年代，日本早稻田大学 Kato 实验室研制出世界上第一台仿人双足步行机器人 wap3，其最大步幅为15cm；本田最新型的仿人形机器人是 ASIMO，其拥有26个自由度，高120cm，重42kg，可通过与互联网无线互联实现语音对话；日本国家级研究项目开发的仿人形机器人高 154cm，重58kg，具有30个自由度，实现了仿人形机器人与人协作抬桌子、开铲车和进行工作间隔板的装配等操作应用；法国 BIP 计划通过控制和规划方法，可以使双足机器人实现站立、行走、爬坡和上下楼梯等；北京理工大学于2002年研制成功的仿人形机器人 BHR 可根据自身力觉、平衡觉等感知自身的平衡状态和地面高度的变化，实现未知地面的稳定行走和太极拳表演。

总的来说，双足步行机器人的研究已经突破了行走稳定的难关，目前主要关注点在对外界复杂环境的感知和决策并进 行动态作业的行为指导。这些复杂应用系统的研究会将双足步行机器人带向高智能和高成本的方向，并不适合农业的需求。设施农业中可以另辟蹊径，选择稳定的行走系统配套单一功能的方式，实现双足步行机器人在设施农业上的普及。

5.2.2 农业双足步行机器人

1. 结构

按照技术成熟、功能简洁的原则，引入双足行走稳定控制算法，根据设施农业作业环节进行划分；结构上尽量简化，采用轻型新材料以便解决质量的问题，提高续航能力。图 5-2 为国外某公司构想的机器人。通过采用新型简化关节及重心优化的结构设计，可实现机器人极佳的稳定性能和动作性能。电池被设计放置在宽大的脚部，可以增加稳定性。

图 5-2 国外某公司构想的机器人

实际设计根据功能划分，有些农业双足步行机器人保留下肢，上肢更换为周转筐或人工操作台。机器人可重组的结构如图 5-3 所示，这种简化设计扩大了机器人的应用范围，实现了机器人作为温室通用标准工具的目的。根据种植功能不同的重组设计，可使机器人在设施农业中适应农业的不同岗位，也能显著降低成本。

图 5-3 机器人可重组的结构

2. 算法

采用较为简单的控制规则并对大量群体的行为进行调节在大自然界中有很多先例，蜜蜂和蚂蚁的自组织形式就很好地发挥了其作用。哈佛大学研制的一种机器人的控制算法采用分布式结构，每个机器人只需要简单的判定规则，符合其判定规则的就进行作业；不符合就放弃作业，重新寻找机会进行作业。图 5-4 是群体机器人算法演示。一个运动体不是很显著，但是当群体数量很大时，就会发挥非常显著的作用，而且其成本非常低廉，适合农业上规模化使用。

图 5-4 群体机器人算法演示

5.2.3 发展方向

农业双足步行机器人不能重复工业机器人的发展路线，主要是由于各自特点差异较大，农业上的对象复杂多变，可负担成本不能过高，使得工业机器人移植到农业领域后成为“鸡肋”。对农业而言，必须走出一条完全不同于工业的创新路子，具体可以从以下几个方面入手：

1）低功耗芯片技术。将农业双足步行机器人的下肢行走程序优化为开源的芯片电路，成为通用的标准化可选件，就会使得农业双足步行机器人的门槛降低，通过自己搭配关节实现组装各种多用途机器人。

2）可替换的上肢。通用接口、自定义程序扩展，可以使得上肢更换为其他装置，如采摘、搬运、授粉、植保都可以公用一个下肢平台。

3）其他。采用高分子或纳米陶瓷材料研发和改进新型机器人关节，实现结构轻巧和性能优越。

5.2.4 结论

本节分析了设施农业中应用农业双足步行机器人的可能性，根据国内外前沿研究成果，提出了可用的农业双足步行机器人构想，得出以下结论：

1）农业双足步行机器人将首先在设施农业中得到应用，主要将采用单一功能的低成本架构，依靠数量大和自组织来解决农业生产问题。

2）农业双足步行机器人的发展方向是低功耗芯片技术和可替换的上肢，可通过大量普及实现这一领域的快速熟化。重复和模仿工业机器人、娱乐机器人并不适合农业领域的要求。

5.3 新型农村趋势：新型田园综合体发展离不开温室和农业智能作业装备

近年来，乡村经济飞速发展，出现了很多新型的经济发展模式。这些经济发展模式适应当前的经济发展现状，也满足广大人民群众的需求。在中央 1 号文件中，田园综合体被提出，在实际生产中，田园综合体的模式对于农民增收和乡村利用情况非常具有代表性（冯伟民等，2012；沙国栋等，2005）。田园综合体是集现代农业、休闲旅游、田园社区为一体的乡村综合发展模式，是通过旅游助力农业发展、促进三产融合的一种可持续性模式。作为乡村新经济中的一种可持续发展的模式，现代农业将在田园综合体的观光旅游经济领域中发挥第一位的作用。如何将现代农业和旅游观光集合起来，温室是一个非常好的形式。借助温室的生产条件，作物栽培品种具有多样性，体验者的趣味性和娱乐性都将极大提升。

5.3.1 田园综合体、温室和作业装备

1. 传统的乡村可考虑自身优势转化为田园综合体

传统的乡村要融入旅游的因素有很多手段，但现代农业是其中最根本的一环。现代农业的立足点还是要和村镇的农业优势结合起来，有的村镇适合种植稻米，有的村镇适合种植小米，而有的村镇适合种植特色蔬菜，而数百年来一直在村镇存在的某种农产品的零星种植在此地也肯定有其存在的合理性。要培育宜居宜业特色村镇，就必须化繁为简，保留这些栽培品种中好的东西，并加以改造，去其糟粕，用其精华。通过温室等设施来进行栽培和育种，让这些农作物的品相、颜色、口感等更容易被游客接受，成为一个明星农产品，能为村镇的收入增加发挥作用。以软枣猕猴桃为例，其鲜艳的果实颜色及酸甜适中的口味口感受到广大消费者的认可，果实能长期挂在树上的特性让采摘很有趣味。实践中，将类似的林果或蔬菜农产品的栽培和当地的乡土文化结合，就能发挥更大的优势。例如，著名的“朱鹮稻田”相结合的模式就是将保护动物朱鹮和朱鹮栖息山地的优质水稻生产进行密切融合，结果了产生极大的经济效益。秦岭的朱鹮作为国家一级保护动物，对环境的洁净和气候要求非常苛刻，其栖息地所在的村镇在田园综合体建设中想方设法保留和营造了非常原始的适合朱鹮生活的水稻梯田，并按照最原始的牛耕方式对农田进行翻耕，使得稻米品质极高，价值成倍增加；同时，采用温室养殖的方式养殖小鱼喂养朱鹮。经过实践证实，游客对这种可以深度参与的田园综合体农业方式很认同，游客对这种农业方式的认同度很高，农产品在这种载体下的价值就会大幅度增加，并被市场接受。

这些有基础、有特色、有潜力的农业品种及加工方式（如腊肉、柿饼等）是田园综合体中的关键资源，配置好这些农业资源，就能“多、快、好、省”地建设一批农业文化旅游“三位一体”的产业，最终形成目标乡村生产、生活、生态同步改善、一产、二产、三产深度融合的特色村镇。

2. 温室的建设和改造升级将会是田园综合体的亮点

按照服务旅游的核心思想，温室作为现代农业的重要名片，将会为特色村镇产业提供重要支撑。在田园综合体的诸多功能中，温室能提供一个场所，如同走廊将房屋连接一样为不同功能提供一个平台。这些功能包括栽培、包装、观赏、亲子教育、休憩、绘画、摄影、野餐。在实际考察中发现，上述功能原本被拘束在不同的场所，温室的建设和升级使得原来按照功能划分的活动被按照游客的身心体验愉悦度重新进行组合，得到游客的认同。

温室让上述功能自身也发生内涵的转变。通过温室栽培用于观赏的作物，观赏期会被拉长，利于植物花卉的销售和花卉观赏结合起来；栽培品尝作物，有利于实现“南果北种”，能将更多新品种引入栽培，将后续的加工、销售和栽培结合在同一个温室中进行。这种延长产业链的方式对于改善游客对农产品的体验满意度有深远的影响。

作为田园综合体的基础设施，温室可以布置一些文化宣传的公共服务，这将有助于环境风貌等建设，并且能将亲子教育、休憩、绘画、摄影、野餐等功能和作物栽培结合起来。温室的建设和升级也逐步变得和乡村规划一体化。很多乡村更多的注重温室形式美观，这包括外形和色彩。“一村一品”的规划也考虑了温室的因素，彩色温室和温室后墙绘画等艺术形式为整个村貌增色不少，各具特色的温室专业村也规模化地出现，并互相促进，最后逐步发展成为乡村建设的一个亮点。

很多田园综合体在建设初期，将土地美学的规划设计思路和温室改造结合起来，按照片区对整个村落布置田园综合体的功能，如休闲区的温室具有图书馆的功能，栽培区的温室具有采摘及加工的功能，创作区的温室具有艺术绘画创作和摄影比赛的功能。根据这些功能成立单一目的的农民合作社，将这些合作社作为主要载体来推进田园综合体的发展，以农户为主，以人为主，杜绝大棚房和其他违章行为。例如，农民画家合作社可以和专业艺术家互动，积极发展剪纸手法；艺术家协会的专业艺术家和农民爱好者手拉手来学习创作，劳作变为辅助的工作，让游客也有互动的机会，深度参与进来，体验乡村文化的乐趣。这种互动的农业方式使得农民成为重点和核心，可以让农民充分参与和受益，让市民充分接触这种有趣的农业。因此，集循环农业、创意农业、农事体验于一体的田园综合体模式会让温室大放异彩。

3. 温室作业装备将会让劳作变得很雅致

雅致生活是田园综合体的一个吸引人的地方，让农人辛苦的劳作变得轻松，就会让乡村建设变得更加务实。机械化作业是减轻劳动强度的主要方式。温室作业装备在施肥、喷药、采收、土壤消毒等多个环节让农人劳动变得轻松省力，同时使得劳动对游人来说具有可观赏性，游客甚至可以在不同的劳动环节亲身体验栽培的乐趣，可让孩子体会给花草瓜果作业的趣味，这也可以成为游客参与农事体验的主要节目之一。

以喷药为例，喷药机器人可以自主行走，根据设定的程序，机器人可自动进行黄瓜和西红柿等喷雾作业。与此同时，机器人作业的过程可以让游客看到，游客实际感受到经过智能化作业装备的应用后，原本非常辛苦的作业环节变得如同玩游戏一样有趣。通过摄像头的图像采集，可以让游客通过计算机屏幕，按照游戏的心态在线观察施肥环节和采收环节，做到农业生产虚实结合。类似这种农事体验对游客有很大的吸引力。

5.3.2 田园综合体中的农业信息化技术

1. 植物的多媒体科普

让孩子们认识更多的植物是一项重要的教育内容。温室不但为植物的生长提供了一个四季如春的家，也为各种多媒体的介入提供了一个平台。一些农业信息化的手段，如将虚拟的3D及VR（virtual reality，虚拟现实）技术手段展示在温室中，展示在植物旁，能让植物虚拟化，并将真实的农作物根系和叶子显示在计算机中，可以放大观察叶片和气孔等部位，将植物的生长全过程呈现给游客，把原本肉眼观察到的植物特征变成细致和深入浅出的讲解，让植物科学知识被更好地认知。

植物游戏也是科普的重要手段，可以让孩子们通过农作物认知知识竞赛的方式学习植物知识，这种学习方式可以让枯燥的植物知识变成难易程度可控的游戏。例如，在疯狂玛丽游戏中融入植物知识后，趣味性提高，孩子们就愿意记住植物的特点来提高自己游戏的等级和分数。

2. 高附加值农产品的区块链

区块链作为数字货币的核心技术，在现代农业中也将发挥重要的作用。在实际的考察中，发现区块链开始在田园综合体尝试应用，在高山流水环境中，在新型温室中，高附加值农产品的生产履历将有更严格的监管，更放心的食品、更健康的农业消费将会被更多的需求接受和认可。农业区块链让乡村中的特色农产品生产的土地、环境及整个生产过程更加严密和透明。革命性的技术将会让田园综合体的农产品拥有新的农业身份证和农业信用记录，推进特色乡村农业旧貌换新颜。

3. 农村手工匠人产品的电子商务

电子商务在农业上的应用已经开始普及，手机购物目前成为消费者的首选。精湛的手艺、精美的造型和精良的物料在农村是很普遍的资源，但由于手工艺人的年岁偏大，手艺大多被闲置，这些手工匠人重新被发掘出来后，在文创领域具有重大的价值，如竹编手艺、草编手艺和木工手艺都对游客产生了吸引力。目前出现的一些手工农村匠人产品被电子商务激活后能产生很大的魅力。例如，游客可以在网上预定特殊造型的竹编早餐盘、笔筒等，原材料会被提前去山上采集好，游客约定日期现场观摩如何用乡村的竹子做成器具，通过游客全程参与，提高体验的满意度。

其他农业信息化手段，如野生兰花资源的 GPS 定位、稀缺品种果树的果品预定、野生食用菌的直播采收等手段都可以在田园综合体中尝试应用。这些新的信息化手段会让乡村旧颜换新貌，这些做法也说明农业信息化助力田园综合体潜力巨大。

5.3.3 温室在田园综合体中的重要作用

1. 温室消除了不确定天气的影响

田园综合体的一个重点内容是农作物的休闲观光。周末和节假日人流相对比较集中，在繁忙的时节里难免会遇到天气不好、阴雨等不适合户外运动的天气，这些情况会对想到乡村放松过的人群产生影响。在阴

雨天气里，传统乡村的露地农村中不适合举办互动体验活动，即使举办也会使体验效果大打折扣。但温室环境中，游客能在一年四季连续体验到新奇的农作物，不受温度和天气的限制。在实际生产中，可以根据小长假的时间，使用温室调节生长周期，设定花卉在假日里开放，提高产品的销售市场价格。

2. 温室易于存放农产品产前加工装备

农产品产前加工可以将更多价值留在农户手里，是值得鼓励的。温室的农作物生产相对集中，采收频繁，配合游客携带的需要，产前的简单初加工能满足市民对农产品质量的需求。温室中易于划分不同的区域，可以根据功能区域存放装备，同时进行现场作业。

5.3.4 为何说田园综合体的发展离不开智能农业装备

1. 乡村的现状离不开智能农业装备

目前，从全世界范围内看，乡村凋敝成为一个大的趋势。因此，提出利用乡村的资源建设美丽乡村，进一步整合乡村的文化资源，以旅游和文创为动力，建立田园综合体，这是一个重要的战略。但我国乡村存在的问题是农村青年劳动力不断减少，从某种意义上说相当于很多民宅被空置。这种现状虽然为发展田园综合体提供了土地，但是田园综合体的核心还是农业，是农业就还得种地，没有劳动力要种地就是一个难题。农业智能装备从某种程度上解决了这种劳动力缺乏的问题。对于温室而言，其间的劳动强度大于大田的作业环境，更加依赖温室智能装备。

2. 劳动的雅致需求离不开智能农业装备

田园综合体的发展加入旅游和文创因素后，有一个需求就是劳动过程变得有观赏性，劳动者变得更美。这种劳动的雅致需求决定了传统的耕牛劳作重新成为田间的观赏元素，同时，大量的精细劳动需要设计精美的精准变量机械来完成。这些精准施肥机、变量喷药机和嫁接机器人等具有一定的可观赏性，且作业效率很高的同时也能解决劳动雅致的需求。例如，很多仿真牛在田间移动作业，但内在是农业机械结构，其外观上看起来如同耕牛一般，给田间作业增添了很多趣味。

3. 农产品的升级离不开智能农业装备

作为一个重要特征，田园综合体的农产品具有较高的附加值，因此要求农产品要达到国际水平，在绿色环保、微量元素及农残方面就要有较高的要求。因此，农业信息化的智能监控、农产品溯源和精准作业装备是保证农产品升级的“神器”。市场对高质量农产品有很大的需求，而且这种需求会越来越大，因此这种农产品的升级经济模式在很长一段时间内会一直存在，而且会不断发展壮大。既然有这种实际的需求，那么越早动手，越早利用智能装备技术来确保园区农产品升级的部分农业装备服务合作社，就越能在市场竞争中提前占据优势地位。

5.3.5 未来乡村需要的农业智能装备

1. 未来的乡村主要需要的是林果机械

作为新兴的乡村经济模式，田园综合体经济目前呈现出林果经济发展旺盛的势头。很多大的果品企业开始规模化地投资乡村，将旅游和果品初加工结合起来，打出果品经济的好牌。林果产业附加值较高，果汁、树苗和鲜果都有很好的市场前景。通过对矮砧果树的大力推广，果树的管理更多地实现了全程机械化，每一个环节都有机械进行作业。温室的引入，使得葡萄、大枣等作物开始实现规模化量产，而采摘期的增长也更加有利于温室采摘行业的增收。这样的林果采摘经济大规模发展，导致对劳动力的需求日益增大，因此智能林果机械成为缺口很大的一个领域。

2. 未来的乡村主要需要的是规模化的高效多功能温室装备

温室将在田园综合体中扮演农业升级的重要角色，因此规模化地应用高效多功能温室装备将会是一个重要的趋势。温室作业装备将成批地出现在温室作业的各个环节，外形更加人性化，操作更加简单，这都将成为这些产品的共同特点。数千个温室共享数百个温室智能装备，移动作业和高效运作将成为趋势。每个温室将会随机的有无数作业装备进行作业，将由温室智能作业装备的调度系统来实现装备资源的调度。

5.4 无人驾驶趋势：基于 TTControl 移动式程控单元的设施作业装备关键技术发展趋势

设施移动智能装备技术是指在设施温室环境中，能精确按照预定轨迹移动到指定位置进行作业，并基于传感器采集外界信息进行决策，实现变量精准田间作业。该技术的关键点是移动模式下的控制处理系统，其一是要满足在恶劣农田环境下的移动控制；二是要精准地对各种信息进行决策判断，尤其在遇到控制错误时要及时地消除错误，避免出现田间作业事故。对设施智能作业装备技术而言，要满足上述要求，电子控制单元（electronic control unit，ECU）是关键的决定因素。

基于 TTControl 移动式程控单元是 TTTech Computertechnik AG 和 HYDAC International GmbH 的合资公司的创新技术（闫国琦等，2008），该技术目前成为国际主流农机装备行业的主流技术之一。由于我国对该技术研究应用较晚，因此相关的技术普及程度较低。在设施移动智能装备领域，相关技术人员及企业主对该技术的发展趋势认识不够清楚。该技术的优点包括硬件和软件两个方面，在硬件方面，该技术具有高性能的 ARM Cortex® 双核锁步系统处理器，同时配备了紧凑坚固的金属外挂外壳，非常适合温室移动作业装备使用；在软件方面，该技术具有非常灵活的可自由编程的代码，兼容功能强大的 PLC 软件编程工具。由于该技术研制的出发点是装备作业时控制系统误操作引发碰撞、失速等安全问题，避免因受到外界电磁干扰而发生控制错误，因此对于温室环境空间相对有限，作物经济价值较高的实际情况，该技术能有效地避免作业装备在自动控制作业过程中发生的对温室墙壁的碰撞和对温室作物的碾压（时玲等，2004）。

设施智能作业装备首先要解决移动作业时对操作人员、农作物及温室结构的安全问题，稳定和可靠的控制技术将是设施作业装备关键技术发展的新趋势。

5.4.1 无人驾驶趋势

1——内置 ECU；2——金属壳；
3——I/O 接口。
图 5-5 移动式程控单元结构

作为一种适合农业装备上应用的无人驾驶新技术，基于 TTControl 移动式程控单元包括 3 部分：内置 ECU、I/O 接口和金属壳，如图 5-5 所示。其中，内置 ECU 具有内存保护机制，可以在一定程度上纠正运行过程中的错误，如果程序运行过程中出现执行错误或有其他干扰因素，控制器自身能及时快速地消除这种错误。解决这一问题的具体技术原理如下：如果由于程序编写时存在不安全的地方，在程序运行时出现问题，系统可自动关闭 3 组输出并开启自动返回功能。

I/O 接口是该系统的一大特色，采用套件方式的接口具有多种配置选项，对一组 I/O 接口可配置为电压输出、数位输出或模拟输入，根据控制的需要通过设置很快就能完成，这对物理电路的搭建来说节省了大量的时间。同时，I/O 接口还具有网络接口，可以通过网络接口下载和调试程序，这对于处于中试阶段的装备来说具有很好的适用性（朱留宪等，2011）。

5.4.2 硬件功能

基于 TTControl 移动式程控单元采用一个核心来控制外围的执行器和传感器，通过强大的控制逻辑和兼容性构建一个超级中央式架构。这种技术路线最大的好处是减少配线和研发工作，将成本最小化。对于温室作业装备，采用尽可能少的线束能简化装备的结构，节约成本并提高使用寿命。通过软件程序的升级，能使得系统具有一些特殊的功能，如将精准施药装备改造为精准土壤消毒装备。

基于 TTControl 移动式程控单元还具有诸多的外围扩展模块，设施智能作业装备研制时可以根据需要将一些通用的功能，如农药流量检测、肥料排量检测、拖拉机轮子速度等装置通过外围扩展模块连接，

为系统的简化设计提供更多技术方案。

5.4.3 实例

1. 应用多样化

移动式程控单元的研究在国内尚处于起步阶段，主要应用在移动智能作业装备上，图5-6是移动式程控单元在设施智能作业装备应用例子。基于人机终端的在线监控，可以对多个作业装备的参数进行同时调控。由于移动式程控单元采用标准化的CANopen协议与从属模块通信，因此温室的作业装备可实现一个大脑的集中控制。

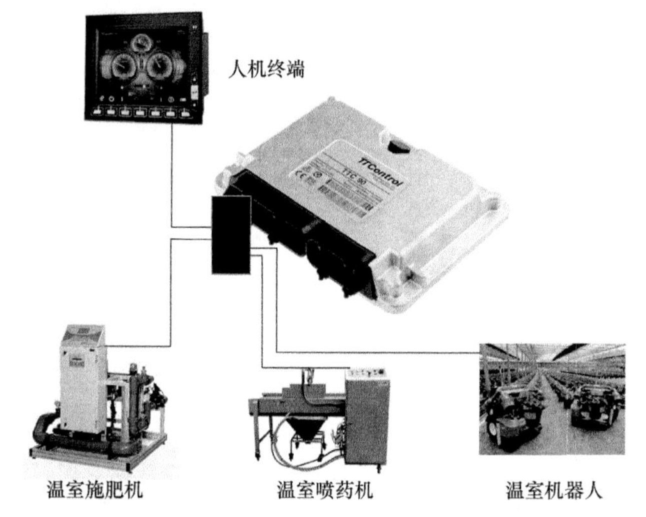

图5-6 移动式程控单元在设施智能作业装备应用例子

2. 成本降低化

设施智能作业装备的成本包括研发成本、维护成本和购置成本。研发成本是其中最大的一部分，精准可靠的设施智能作业装备研发需要多轮的磨合和熟化。移动式程控单元的应用可以加快研发进程，并降低研发成本。维护成本也是设施智能作业装备的一个难题，由于移动式程控单元在物理封装、接口电路和处理算法上的多重可靠性保证措施，设备在运行过程中故障率会明显下降直到无故障率。因此，移动式程控单元的规模应用能有效地降低控制系统的维护成本。随着该技术在我国的逐步普及，进一步在设施农业中进行规模化推广和应用，购置成本会不断下降。该技术未来的发展趋势是在温室装备领域完全替代复杂的嵌入式系统，成为智能装备开发的重要平台。

本 章 小 结

本章主要从温室轻简化智能装备发展趋势出发，挑选了共享模式趋势、人工智能趋势、新型农村趋势和无人驾驶趋势 4 个领域的代表性装备，阐述和展望了该领域未来的重点方向，对于全面了解及把握该领域发展趋势具有重要的指导作用。

参考文献

北京农业机械化学院，1981. 国外耕耘机械技术水平［M］. 北京：中国农业出版社.

蔡龙俊，杨琳，2002. 连栋温室内保温幕节能效果的研究分析［J］. 农业工程学报，18（6）：98-102.

谌松，2017. 基于视觉临场感遥控的温室电动微耕机控制系统研究［D］. 武汉：湖北工业大学.

邓剑锋，王志强，付克祥，等，2015. 育苗穴盘打孔装置：201520080127.9［P］. 2015-07-29.

冯伟民，沙国栋，卢昱宇，等，2012. 设施蔬菜高品质栽培技术［J］. 江苏农业科学，40（11）：139-141.

高辉松，朱思洪，史俊龙，等，2012. 温室大棚用电动微耕机研制［J］. 机械设计，29（11）：83-87.

高原源，王秀，马伟，2018. 穴育苗压穴装置研究现状［J］. 农业工程技术（16）：53-55.

郭晨星，2018. 电动微耕机的分析与设计研究［D］. 太原：太原理工大学.

何金伊，杨福增，徐秀栋，2011. 山地履带式遥控微耕机控制系统设计［J］. 拖拉机与农用运输车，38（2）：19-22.

姜雄晖，刘淑珍，2006. 温室开窗机构研究［J］. 中国农机化学报（3）：62-66.

李坤明，2016. 大棚无线遥控电动微耕机的控制系统研究［D］. 武汉：湖北工业大学.

梁红娟，2012. 不同土壤消毒方式克服黄瓜枯萎病及根结线虫病害的研究［D］. 杭州：浙江大学.

梁权，2005. 甲基溴淘汰和替代研究概况与展望［J］. 粮食储藏，34（3）：36-42.

刘国敏，蒋天弟，黎静，2004. 我国微耕机的现状及发展趋势［J］. 农机化研究（3）：13-15.

刘明乐，徐珍，李克荣，2008. 中药液体灌装生产线上药液输送系统的合理设置及其消毒［J］. 中国医院药学杂志，28（4）：325-326.

刘世梁，傅伯杰，刘国华，等，2006．我国土壤质量及其评价研究的进展[J]．土壤通报，1（1）：137-143.

刘占锋，傅伯杰，刘国华，等，2006．土壤质量与土壤质量指标及其评价[J]．生态学报，26（3）：901-913.

马聪，周辉，陆国平，2007．一种新型无刷电动机驱动的自动开窗机设计与实现[J]．电气应用（9）：76-79.

马明建，汪遵元，孙秀珍，2000．钢丝绳-连杆式温室天窗机构的研制[J]．现代化农业（8）：36-37.

马伟，王秀，陈云坪，等，2011．自走式GPS土壤样芯自动化采集器设计与试验[C]．中国农业工程学会2011年学术年会论文集.

马伟，王秀，苏帅，等，2014．温室智能装备系列之六十二 土壤机械化施药技术及装备研究[J]．农业工程技术（温室园艺）（10）：32-33.

马志艳，欧阳方熙，杨光友，等，2019．基于视觉与惯性的农机组合导航的方法研究[J]．农机化研究，41（6）：13-18.

南京农业大学，2014．一种太阳能电动微耕机：CN201310069719.6[P]．2019-08-06.

潘海兵，陈红，宗力，等，2012．基于智能AGV系统温室盆栽植物自动输送系统的设计[J]．广东农业科学（21）：192-194.

沙国栋，胡金祥，赵金元，等，2005．设施蔬菜有机栽培技术的持续优质、稳产效果[J]．江苏农业学报，21（4）：381-382.

商联红，2008．智能开窗机控制器的制作[J]．电子制作（12）：69-70.

时玲，张海东，翟兆斌，等，2004．我国微耕机技术现状与发展方向[J]．农机化研究（5）：1-3.

史万苹，王熙，王新忠，等，2007．基于PWM控制的变量喷药技术体系及流量控制试验研究[J]．农机化研究（10）：125-127.

陶建平，罗克勇，柳军，等，2014．基于CAN总线的温室大棚微耕机导航分布式控制系统节点设计[J]．江苏农业科学，42（9）：365-367.

王佳琪，张宁，何国田，2018．无人微耕机的自动转向控制器设计[J]．江苏农业科学，46（6）：200-204.

王秀，马伟，苏帅，等，2016．1G-1800型土壤熏蒸施药机的研制与测试[J]．农业工程技术（19）：26-27.

王玉雪，张凤，2006．输液流量显示器：CN2834583[P]．2006-11-08.

王祖光，2000.《平开窗电动开窗机》国家建筑标准设计图集［J］. 建筑技术（9）：42.

魏珉，2000. 日光温室蔬菜 CO_2 施肥效应与机理及 CO_2 环境调控技术［D］. 南京：南京农业大学.

魏珉，邢禹贤，王秀峰，等，2003. 日光温室 CO_2 浓度变化规律研究［J］. 应用生态学报，14（3）：354-358.

夏天，1997. 以色列的温室采摘机器人［J］. 山东农机化（11）：27.

闫栋，张文爱，王秀，等，2011. 基于 PWM 的农药变量注入控制系统设计与试验［J］. 农机化研究，33（6）：115-118.

闫国琦，张铁民，徐相华，等，2008. 我国微耕机技术现状与发展趋势［J］. 安徽农业科学（25）：11137-11139，11148.

颜冬冬，王秋霞，郭美霞，等，2010. 四种熏蒸剂对土壤氮素转化的影响［J］. 中国生态农业学，18（5）：934-938.

杨扬，曹其新，盛国栋，等，2013. 基于机器视觉的育苗穴盘定位与检测系统［J］. 农业机械学报，44（6）：232-235.

张国栋，范开钧，王海，等，2020. 基于机器视觉的穴盘苗检测试验研究［J］. 农机化研究，42（4）：175-179.

张颖，2006. 二氧化碳施肥对甜瓜光合特性的影响［D］. 保定：河北农业大学.

赵根武，2011. 北京市“十一五”农机化发展成就及“十二五”展望［J］. 农业机械（1）：105-106.

赵庚义，车力华，1995. 高温季节蔬菜育苗新技术［J］. 中国农村科技（3）：15-16.

郑昭佩，刘作新，2003. 土壤质量及其评价［J］. 应用生态学报，14（1）：131-134.

周建军，王秀，马伟，等，2012. 基于条码技术的土壤样品管理系统研制［J］. 农机化研究，34（12）：174-177.

朱留宪，杨玲，杨明金，等，2011. 我国微型耕耘机的技术现状及发展［J］. 农机化研究，33（7）：236-239.

CHEN J, DAI J H, PAN C G, et al., 1993. Studies on the down-cut energy saving rotary blades[J]. Transactions of the Chinese Society of Agril Machinery (24): 37-42.

DAYAN E, KEULEN H V, JONES J W, et al., 1993. Development, calibration and validation of a greenhouse tomato growth model: II. Field calibration and validation[J]. Agricultural Systems, 43(2): 165-183.

HAND D W, 1984. Crop responses to winter and summer CO_2 enrichment[J]. Act. HoG., 62(1): 45-63.

KAROONBOONYANAN S, SALOKHE WM, NIRANATLUMPONG P, 2007. Wear resistance of thermally sprayed rotary tiller blades[C]. 16th International Conference on Wear of Materials, Montreal.

LEE K S, PARK S H, PARK W Y, et al., 2003. Strip tillage characteristics of rotary tiller blades for use in a dryland direct rice seeder[J]. Soil and Tillage Research, 71(1): 25-32.

MOLLAZADE K, JAFARI A, EBRAHIMI E, 2010. Application of dynamical analysis to choose best subsoiler's Shape using ANSYS[J]. New York Science Journal (3): 93-100.

RICHARD E L, DEMARIO J, RICHARD N, et al., 2005. Flammability of glass fiber-reinforced polymer composites[C]. 4th International Conference on Composites in Fire, University of Newcastle upon Tyne, England, September 15-16.

SENANARONG A, WANNARONK K, 2006. Design and development of an off-set rotary cultivator for use with a two-wheel tractor for fruit tree cultivation[J]. Agric. Mech. In Asia, Africa and Latin America, 37(4): 87-89.

SLACK G, HAND D W, 1985. The effect of winter and summer CO_2 enrichment on the growth and fruit[J]. Journal of Horticultural Science, 60 (4): 507-516.

TIWARI P S, SURESH N, 2006. Reducing drudgery through operator's seat on a rotary power tiller[J]. Indian Journal of Agricultural Sciences, 76(3): 157-161.

TOPAKCI M, KURSAT H, YILMAZ D, et al., 2008. Stress analysis on transmission gears of a rotary tiller using finite element method[J]. Journal of the Faculty of Agriculture of a Akdendiz University (21): 155-160.